MM 1:
Mathematische Miniaturen 1

Birkhäuser Verlag
Basel · Boston · Stuttgart

Lebendige Zahlen

Fünf Exkursionen

Walter Borho
Don Zagier
Jürgen Rohlfs
Hanspeter Kraft
Jens Carsten Jantzen

1981
Birkhäuser Verlag
Basel · Boston · Stuttgart

CIP-Kurztitelaufnahme der Deutschen Bibliothek

Lebendige Zahlen : 5 Exkursionen / Walter Borho
... Basel ; Boston ; Stuttgart : Birkhäuser,
1981
   (Mathematische Miniaturen ; 1)
   ISBN 3-7643-1203-3
   NE: Borho, Walter [Mitverf.]; GT

© 1981 Birkhäuser Verlag Basel
Printed in Germany
ISBN 3-7643-1203-3

Inhalt

Vorwort

Die Habilitation ist eine alte Einrichtung der deutschen Universitäten. Nachdem der junge Doktor nach der Promotion einige Jahre wissenschaftlich gearbeitet hat, legt er der Fakultät eine größere Veröffentlichung, die Habilitationsschrift, mit dem Ziel vor, die Venia Legendi zu erwerben, das Recht, in eigener Verantwortung zu lehren und Vorlesungen zu halten. Im Rahmen einer Fakultätssitzung finden Habilitationsvortrag und wissenschaftliche Aussprache statt. Einige Wochen später wird das Verfahren durch die öffentliche Antrittsvorlesung abgeschlossen, die zugleich den Höhepunkt darstellt.

An manchen Universitäten scheint die Bedeutung der Antrittsvorlesung zurückgegangen zu sein. In Bonn haben wir uns bemüht, diese Tradition fortzuführen und die Antrittsvorlesungen zu einem wichtigen Teil des mathematischen Lebens zu machen. In den Vorträgen soll ein anspruchsvolles Thema so dargestellt werden, daß Mathematiker und Naturwissenschaftler, die vielleicht in ganz anderen Gebieten arbeiten, und auch Studenten, den Ausführungen folgen können. Historische Entwicklungen und die Zusammenhänge der mathematischen Gebiete untereinander und mit Bereichen außerhalb der Mathematik sollen erkennbar werden, den Zuhörern soll etwas von der Faszination der Mathematik und ihrer Rolle im geistigen Leben vermittelt werden.

In diesem Bändchen werden fünf Bonner Antrittsvorlesungen aus den Jahren 1974 – 1979 veröffentlicht; sie stehen unter dem gemeinsamen Motto "Zahlen". Ich denke, die Veröffentlichung lohnt sich, weil alle Autoren in schöner und anregender Weise das von ihnen gewählte mathematische Thema dargestellt haben und sogar so, daß Ausblicke auf die heutige Forschung erkennbar werden. Hoffentlich wird dieser Band dazu anregen, weitere Sammlungen von Antrittsvorlesungen herauszubringen.

Bonn, im Oktober 1980   F. Hirzebruch

Einleitung

Jeder der fünf Autoren dieses kleinen Bändchens möchte hier versuchen, an einem ausgewählten mathematischen Gegenstand für den Leser die Zahlen lebendig werden zu lassen. Vielleicht gelingt es, mit diesen fünf mathematischen Miniaturen ein wenig von der Faszination der Mathematik, wie Forscher sie erleben, auf einige Leser zu übertragen.

Der Weg zur heute lebendigen mathematischen Forschung ist natürlich weit. Fünf Jahrtausende hat die Menschheit dafür gebraucht, fünf Jahre braucht heute ein Student. Da man dieses Büchlein in fünf Stunden lesen kann, sollte niemand hier mehr erwarten als Ausblicke auf kleine Teile des weiten, beschwerlichen Weges. Einen bequemen „Königsweg" zur Mathematik gibt es nicht.

Wir laden den Leser zu fünf kleinen Exkursionen in die Welt der Zahlen ein. Sie sollen durch abwechslungsreiche Landschaften zu einigen Aussichtspunkten führen, von denen aus man die ersten Berggipfel der neueren Forschung wenigstens in der Ferne erkennen kann. Jeder dieser Ausflüge beginnt „unten im Tal", das heißt bei Problemen und Begriffen, die man mit Schulkenntnissen ohne weiteres verstehen kann: Primzahlen, Teilersummen, Satz von Pythagoras, Kurven, Partitionen. Im weiteren Verlauf einer Exkursion wird aber doch hier und da etwas Bergerfahrung vorausgesetzt, um auch auf die fortgeschritteneren Teilnehmer etwas einzugehen. Jeder wird für sich selbst leicht feststellen können, wo er ein paar schwierige Stellen übergehen muß. Die Aussichtspunkte werden ohnehin per Seilbahn erreicht, um die Mühen des Aufstiegs — die Beweise — zu vermeiden.

Wir wollen nun die geplanten Ausflüge kurz einzeln vorstellen.

Der erste verläuft auf ganz leichten, ebenerdigen Pfaden, zwischen Teilersummen und Primzahltests. Die Einmündung in bedeutsame Entwicklungslinien der Mathematik wird erst zum Schluß sichtbar. *Walter Borho* erzählt uns die merkwürdige Geschichte der *„Befreundeten Zahlen"*, die vom Hof des Kalifen von Bagdad bis in die modernen Computer-Zentren führt. Wir lernen die „Schmetterlings-Jagd" auf befreundete Zahlen als eine alte mathematische Sportart kennen, deren unangefochtener Weltmeister lange Zeit Leonhard Euler war.

Don Zagier führt uns mit einem Blick auf die Weltrekordliste großer Primzahlen vor Augen, daß diese Objekte zu den willkürlichsten und widerspenstigsten zählen, die der Mathematiker überhaupt studiert. Andererseits überzeugt er uns dann vom genauen Gegenteil, daß die Primzahlen durchaus Gesetzen unterworfen sind und diesen mit fast peinlicher Genauigkeit gehorchen. Besonders verblüffend ist eine Formel von Riemann für die Anzahl $\pi(x)$ der Primzahlen unterhalb x. Die Widerspenstigkeiten erweisen sich dann wieder an dem Vergleich asymptotischer Formeln für $\pi(x)$ von Legendre, Gauß und Riemann mit der tatsächlichen Verteilung der *„ersten 50 Millionen Primzahlen"*, der zu beziarren Fieberkurven führt.

Jürgen Rohlfs berichtet über *„Summen von zwei Quadraten"*. Seine Exkursion beginnt bei den Pythagoräischen Zahlentripeln, für die rasch eine allgemeine Formel gefunden wird. Anschließend wird die Anzahl der Pythagoräischen Dreiecke bestimmt, deren Hypotenuse eine Länge hat, die unterhalb einer vorgegebenen Schranke liegt. Dabei zeigt sich, daß das Thema „Pythagoräische Tripel" mit der allgemeinen Formel noch längst nicht abgetan ist, sondern im Gegenteil erst richtig interessant zu werden beginnt. Die Exkursion endet mit einem Problem aus der Physik: Wärmeleitung auf einem Rettungsring aus dünnem Blech(Torus). Die Ausbreitung der Wärme wird durch eine partielle Differentialgleichung beschrieben bei deren Lösung die Anzahl $\nu(m)$ der Zerlegungen von m in eine Summe von zwei Quadraten eine zentrale Rolle spielt. Hier sind also Zahlentheorie und Analysis eng verbunden.

Hanspeter Kraft führt uns in ein Gebiet, wo sich die Zahlentheorie ganz eng mit der Geometrie verflochten hat: *„Algebraische Kurven und Diophantische Gleichungen"*. Auch diese Exkursion beginnt bei der Formel für die Pythagoräischen Zahlentripel, die mittels einer geometrischen Idee von Diophant abgeleitet wird. Allgemeiner löst man genauso das Problem, alle Punkte mit rationalen Koordinaten auf einer Kurve zweiten Grades zu bestimmen. Das analoge Problem für Kurven dritten Grades erweist sich als ungleich schwieriger und interessanter. Ein geometrisches Verfahren wird vorgeführt, mit dem man alle rationalen Punkte aus endlich vielen konstruieren kann (Satz von Mordell). Im weiteren Verlauf der Exkursion kann der Leser dann noch viel über elliptische Kurven lernen, wobei allerdings der Bericht über die Torsionspunkte, mit neuesten Ergebnissen von B. Mazur, beim Leser schon einige Semester Mathematik-Studium voraussetzt.

Zum Schluß stellt uns *Jens Carsten Jantzen* den Kombinatoriker vor, einen Menschen, der mit endlichen Mengen alles mögliche anstellt und sich dann fragt, wie oft er das tun kann. Er erzählt uns von Permutationen, Partitionen und Young'schen Standardtableaus und von erstaunlichen Beziehungen zwischen diesen kombinatorischen Gebilden. Später lesen wir, was ein Darstellungstheoretiker tut, und was er dem Kombinatoriker alles verdankt, wenn er symmetrische oder allgemeine lineare Gruppen darstellt. Und schließlich die neueste Wende in den *„Beziehungen zwischen Darstellungstheorie und Kombinatorik"*: Die Darstellungstheorie revanchiert sich bei der Kombinatorik durch die Vereinheitlichung und Verallgemeinerungen berühmter Potenzreihen-Identitäten von Euler, Gauß und Jacobi.

Die Exkursionen führen also zu fünf sehr verschiedenen Ausflugszielen, und da sie außerdem die fünf unterschiedlichen Persönlichkeiten und Temperamente der Exkursionsleiter widerspiegeln, dürfte für Abwechslung ausreichend gesorgt sein. Der aufmerksame Leser wird aber auch feststellen, daß es immer wieder Berührungen und Querverbindungen zwischen den verschiedenen Wegen gibt.

Zum Beispiel treten die Jacobische Potenzreihenidentität nicht nur bei Jantzen in Erscheinung und die Riemannsche Zetafunktion nicht nur bei Zagier, sondern beide tauchen auch bei Borho und Rohlfs auf – wenn auch nur am Rande. Teilersummen kommen nicht nur in der ersten Exkursion vor, sondern gelegentlich auch in der dritten. Wer selbst schon einmal etwas weiter in die Welt der Mathematik vorgedrungen ist, kennt solche unerwarteten Zusammenhänge. Oft treten sie bei mathematischen Gegenständen auf, die scheinbar überhaupt nichts miteinander zu tun haben. Das ist ein typisches Kennzeichen für interessante Mathematik und durchaus keine exotische oder zufällige Randerscheinung. Die kleinen Beispiele, die wir hier geben, sind ganz „harmlos" im Vergleich zu phantastischen Überraschungen dieser Art, wie sie in der mathematischen Forschung immer wieder auftauchen. Die Entdeckung solcher unerwarteten, oft sehr tiefliegenden Beziehungen gehört mit zu den reizvollsten Erlebnissen eines Mathematikers.

Doch nun wollen wir nicht länger bei den Vorbereitungen unserer Exkursionen verweilen. Es wird Zeit, daß wir aufbrechen und uns den Zahlen selbst zuwenden.

Walter Borho

Befreundete Zahlen
Ein zweitausend Jahre altes Thema der
elementaren Zahlentheorie

Dies ist die Geschichte zweier spezieller Zahlen, nämlich

$A = 90$ 2364653062 3313066515 5201592687 0786444130 4548569003
8961540360 5363719932 5828701918 5759580345 2747004992
7532312907 0333233826 7840675607 3892061566 6452384945

und

$B = 86$ 2593766501 4359638769 0953818787 1666597148 4088835777
4281383581 6831022646 6591332953 3162256868 3649647747
2706738497 3129580885 3683841099 1321499127 6380031055.

Beide haben 152 Stellen. Die erste hat 800 verschiedene Teiler, die zweite 3200. Das Bemerkenswerte an diesen beiden Zahlen ist nun folgendes: Die 799 echten Teiler von A ergeben aufsummiert B, und die Summe aller 3199 echten Teiler von B ergibt wieder A. Dieses kuriose Zahlenpaar wurde 1972 von Herman te Riele in Amsterdam entdeckt. Die Entdeckung hat allerdings eine lange Vorgeschichte, die bis in die ältesten Kapitel der Mathematikgeschichte zurückreicht. Darüber möchte ich hier ein wenig erzählen.

Dabei muß ich etwas versuchen, was eigentlich ganz und gar unmöglich ist, nämlich Nichtmathematiker und Mathematiker gleichzeitig anzusprechen. Meine Fachkollegen bitte ich deshalb um Nachsicht, wenn ich mathematischen Formeln, Sätzen und Beweisen möglichst aus dem Wege gehen und mehr an die Unterhaltung der Nichtmathematiker denken werde. Diese wiederum bitte ich um Geduld, falls doch hin und wieder eine Formel auftauchen sollte, oder wenn ich mir manchmal Anspielungen erlaube, die nur ein Mathematiker nachvollziehen kann.

Den meisten von Ihnen wird bekannt sein, daß im alten Babylonien mit der Zahl 60 als Grundzahl gerechnet wurde, woran noch heute die Einteilung der Stunde in 60 Minuten und der Minute in 60 Sekunden erinnern. Die einfachen Leute benutzten damals zwar das Dezimalsystem wie wir, die Mathematiker aber rechneten im Sexagesimalsystem, und zwar aus gutem Grund: Die Zahl 60 hat nämlich — gemessen an ihrer Größe — besonders viele Teiler; unterstellt man, daß das Bruchrechnen damals nicht beliebter war als heute bei den Schulkindern, so war die Zahl 60 als Grundzahl zum Rechnen ideal. Von den 12 verschiedenen Teilern von 60 erhielten die meisten sogar besondere Namen, die auch in die Umgangssprache, auch anderer Völker, Einzug hielten. So rechnen selbst die deutschen Bauern gerne mit dem Dutzend (12), der Mandel (15) oder dem Schock (volle 60), alles Teiler von 60.

Die Mathematiker der Antike legten überhaupt großen Wert darauf, zu jeder Zahl auch alle ihre Teiler zu betrachten. Zahlen mit besonders vielen Teilern hießen „abundant", also etwa „überfließend", solche mit nur wenigen Teilern hießen „defizient", also etwa „mangelhaft". Als Maß nahm man dabei nicht etwa die *Anzahl*, sondern die *Summe* der echten Teiler, und verglich diese Summe mit der Zahl selbst. Zum Beispiel erhielt man für 10 die Teilersumme

$$1 + 2 + 5 = 8, \text{ kleiner als } 10,$$

also ein „Defizit" an Teilern, für 12 aber

$$1 + 2 + 3 + 4 + 6 = 16, \text{ größer als } 12,$$

also Teiler im „Überfluß". Die Zahl 10 war also „defizient", mangelhaft, die 12 dagegen schon „abundant" und die 60 erst recht.

Nun kann aber auch noch der Grenzfall auftreten, daß die Summe der echten Teiler *gleich* der Zahl selbst ist, etwa bei 6:

$$1 + 2 + 3 = 6$$

oder bei 28:

$$1 + 2 + 4 + 7 + 14 = 28.$$

Solche Zahlen galten bei den alten Griechen als etwas ganz besonderes; sie wurden *vollkommen* genannt. Es ist nicht genau geklärt, wann und wo vollkommene Zahlen erstmalig betrachtet wurden. Man vermutet, daß sie schon den alten Babyloniern und Ägyptern bekannt waren. Jedenfalls hat sich in Ägypten bis ins 5. nachchristliche Jahrhundert hinein eine Überlieferung erhalten, wonach der *Ringfinger* die folgende Zahlenbedeutung hatte: Allein umgebogen,

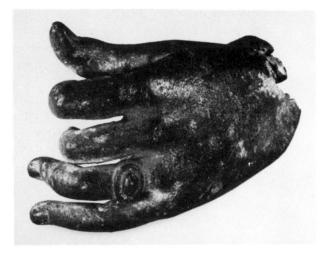

Ringfinger-Tradition in der Antike:
Griechische Bronzehand einer Aphrodite, 3.–2. Jh.v.Chr.
(Wuppertaler Uhrenmuseum. Das Photo wird hier mit freundlicher Genehmigung von Herrn J. Abeler reproduziert.)

während alle anderen Finger gestreckt blieben, habe er im alten Ägypten den Wert 6 dargestellt, die erste vollkommene Zahl; er sei darum auch selbst der Vollkommenheit teilhaftig geworden und habe deshalb das Vorrecht erhalten, Ringe zu tragen. — Dies ist eine Erklärung für die von Kulturhistorikern beobachtete Tatsache, daß

Borho

bei fast allen Kulturvölkern der Ring gerade an diesem Finger getragen wird.

Den ersten mathematischen Lehrsatz über vollkommene Zahlen findet man bei Euklid, also um 300 v. Chr.. In seinen „Elementen" — dem Buch, das nächst der Bibel die meisten Auflagen erlebt haben soll — findet man als Satz 36 des IX. Buches eine Regel zur Konstruktion vollkommener Zahlen, die in leicht modernisierter Sprache so lautet:

Satz von Euklid

Für manche Zahlen n ist die Zahl

$$p = 1 + 2 + 4 + 8 + \ldots + 2^n = 2^{n+1} - 1$$

eine Primzahl. In jedem solchen Fall ist die Zahl $2^n \cdot p$ vollkommen

Beim Beweis dieses Satzes benutzt Euklid seinen Satz 35: Die Formel für die geometrische Reihe. Bei Nikomachus von Gerasa kann man später lesen: Die ersten vier vollkommenen Zahlen seien 6, 28, 496 und 8128. Sie ergeben sich aus der Regel von Euklid.

Neben diesen Zahlen fand man in der Antike auch noch die Zahlen 220 und 284 wegen ihrer Teiler bemerkenswert; man stellte nämlich fest, daß die Summe der echten Teiler von 220 gleich 284 und andererseits die Summe der echten Teiler von 284 gleich 220 sei und nannte diese beiden Zahlen deshalb „miteinander *befreundet*". Die erste Spur von der Kenntnis dieser Zahlen verliert sich ebenfalls im Dunkel der Frühgeschichte. Sehr wahrscheinlich war ihr Entdecker *Pythagoras*. Manche Leute wiesen allerdings auf eine ältere Stelle in der Bibel hin, wo davon die Rede sei, daß Jakob dem Esau zum Zeichen der Versöhnung genau 220 Schafe und 220 Ziegen geschenkt habe. Mittelalterliche Bibelkommentatoren klaren ihre Leser über das in der Zahl 220 „versteckte Geheimnis" auf und halten es für eine ausgemachte Sache, daß der Schlaukopf Jakob dies im Sinne hatte; mit diesem Trick hätten sich die Alten nämlich auch die Zu-

neigung von Königen und Würdenträgern zu sichern versucht. — Nun,
davon mag man halten was man will. Das erste völlig zweifelsfreie
Dokument über die befreundeten Zahlen stammt erst aus der „Sammlung der pythagoräischen Lehre", einem Werk, das im 3. Jahrhundert
n. Chr. von einem gewissen Iamblichus von Chalcis niedergeschrieben
wurde. Die pythagoräische Schule war ja allgemein bekannt für ihre
Zahlenmystik, aber auch für die Freundschaften, auf die sie Wert legte. Iamblichus berichtet uns nun, man habe den großen Pythagoras
einmal gefragt, was denn ein Freund sei. Darauf habe dieser geant-
wortet: *„Einer, der ein anderes Ich ist, wie 220 und 284."*

Manche Leute mögen sich auf den Iamblichus als Gewährsmann
nicht verlassen, sondern verlangen zeitgenössische Dokumente von
Pythagoras selbst. Dabei stoßen sie allerdings auf das Problem, daß
die pythagoräische Schule sich neben Zahlenmystik und Freund-
schaftskult auch noch durch ihre Geheimniskrämerei auszeichnete.
Es galt sogar als ausgesprochen frevelhaft, mathematisches Wissen
auszuplaudern. Nachdem zum Beispiel Pythagoras das Dodekaeder
entdeckt hatte und danach einer seiner Schüler herausfand, daß man
es einer Kugel einbeschreiben kann, hat der Schüler dies ganz gegen
alle Gepflogenheiten veröffentlicht; es wird berichtet, daß er wegen
dieser Gottlosigkeit im Meer umgekommen sei. Vielleicht hat es also
der wahren Entdecker der befreundeten Zahlen vorgezogen, anonym
zu bleiben . . . Ich selbst möchte der Einfachheit halber lieber Iamblichus glauben und die Entdeckung Pythagoras zuschreiben.

Zeittafel

UM	500	PYTHAGORAS	
UM	300 v. CHR.	EUKLID	
UM	100 n. CHR.		NIKOMACHUS
UM	300		IAMBLICHUS
	836 – 901	THABIT	
			IBN CHALDŪN
	1007		EL MADSCHRĪTĪ
	1256 – 1321		IBN AL-BANNĀ'
	1636	FERMAT	
	1638	DESCARTES	
UM	1750	EULER	
	1830		LEGENDRE
	1851		TSCHEBYSCHEW
	1911		DICKSON
	1929		POULET
	1946		ESCOTT
	1968		LEE
	1974		TE RIELE

Wenn man einmal von den vollkommenen Zahlen absieht, die ja sozusagen mit sich selbst befreundet sind, dann war im Altertum als einziges Paar befreundeter Zahlen das pythagoräische bekannt, mit der Primfaktorzerlegung

$$200 = 2^2 \cdot 5 \cdot 11$$

und

$$284 = 2^2 \cdot 71.$$

العدد الذي قبل المزيد وهو ثمانية ٨ يبقى ثلاثة

وعشرون ٢٣ وهذان العددان اللذان احدهما ٢٣

والاخر كل واحد منها عدد اول فتضربه احدهما

في الاخر يكن الخارج ١٨٤١٦ فتضرب ذلك في اخر

المجموعة وهو ١٦ يخرج ١٧٢٩٦ وهو احد العددين

المتحابين وهو الزايد ثم تاخذ العدد الذي بعد

اخر المجموعة وهو ٣٢ فتجمعه مع الرابع فبله

يكون ٣٦ فتضربها في هذا الماخوذ الذي هو ٣٢ يخرج

١٦٢ فتسقط منها واحدا ابدا يبقى ١١٥ وهو عدد

اول فتضربه في اخر المجموعة الذي هو ١٦ يكون

الخارج ١٨٤١٦ وهو العدد الثاني من الاعداد المتحابة

وهو الناقص فعدد ١٧٢٩٦ وعدد ١٨٤١٦ عددان

متحابان احدهما زايد والاخر ناقص والله اعلم

لت تقدم ان شرط المضروب في اخر المجموعة

ان يكون او لا اي اصم فالذي يذكر ذلك اصلا الامام

الفاضل السيد ابو عبد الله الشريف المركشي رحمه

الله ورضي عنه وهو مم قبله من العمل متناقص

لانه

Seite aus dem arabischen Manuskript des Ibn al-Bannā' (1256 – 1321) mit der Herleitung des zweiten Paares Befreundeter Zahlen, 17296 und 18416, dessen Entdeckung bisher Fermat (1601 – 1665) zugeschrieben wurde. (Im Privatbesitz von Professor Mohammed Souissi, Faculté des lettres, Université de Tunis, dem wir für die freundliche Genehmigung zur Reproduktion danken.)

Hieraus eine allgemeine Regel zu erfinden, die diese Zahlen und vielleicht unendlich viele gleichartige liefert, was Euklid ja für die vollkommenen Zahlen geleistet hatte, das erscheint selbst uns heute noch ziemlich schwierig. Eine derartige Regel wurde aber schon im 9. Jahrhundert von dem Araber Thabit ibn Kurrah angegeben. Thabit möge mir verzeihen, wenn ich ihn im folgenden nicht bei seinem vollen Namen nenne: Abû'l Hasan Tâbit ibn Kurrah ibn Marwân al Harrânî erscheint uns heute etwas unpraktisch. Thabit war Arzt und Astronom, aber auch einer der bedeutendsten islamischen Mathematiker; er lebte von 836 bis 901, zuletzt in Bagdad, als engster Vertrauter und Berater des Chalifen Almu'-tadid. Seine Regel für befreundete Zahlen lautet in moderner Sprache so:

Satz von Thabit

Sind die drei Zahlen $p = 3 \cdot 2^{n-1} - 1, q = 3 \cdot 2^n - 1$

und $\quad r = 9 \cdot 2^{2n-1} - 1$

Primzahlen, so sind die beiden Zahlen

$$A = 2^n \cdot p \cdot q$$

und $\quad B = 2^n \cdot r$

miteinander befreundet.

Für $n = 2$ ergibt sich $p = 5, q = 11$ und $r = 71$, also das Paar von Pythagoras. Thabits Regel liefert aber auch für $n = 4$ und $n = 7$ befreundete Zahlenpaare, nämlich

$n = 2$	$n = 4$	$n = 7$
$p = \quad 5$	$p = \quad\quad 23$	$p = \quad\quad\quad 191$
$q = \quad 11$	$q = \quad\quad 47$	$q = \quad\quad\quad 383$
$r = \quad 71$	$r = \quad 1\,151$	$r = \quad\quad 73\,727$
$A = 220$	$A = 17\,296$	$A = 9\,363\,584$
$B = 284$	$B = 18\,416$	$B = 9\,437\,056$

Heute wissen wir, daß dies die drei einzigen Fälle $n \leqslant 20\,000$ sind,
in denen die Regel ein befreundetes Zahlenpaar liefert. Ob Thabit
selbst seine Regel über den Fall $n = 2$ hinaus angewandt hat, ist nicht
bekannt; die Entdeckung der beiden neuen Paare pflegte man deshalb
erst Fermat ($n = 4$) und Descartes ($n = 7$) zuzuschreiben. Kürzlich
fand man aber in einem Traktat des Gelehrten und Architektensoh-
nes Ibn-al-Banná aus Marokko (1256 – 1321) diese eindeutige Feststellung: „Die zwei Zahlen 17296 und 18416 sind befreundet, die
eine abundant, die andere defizient. Allah ist allwissend."
    Früher oder später gerät Thabits Formel wieder in Vergessenheit,
sein Buch wird erst im 19. Jahrhundert wiederentdeckt. Im übrigen
haben zahlreiche antike, arabische und mittelalterliche Gelehrte in
ihre Mathematikbücher ein Kapitel über vollkommene und befreundete Zahlen aufgenommen. Darin findet sich meist wenig Neues,
aber viel Falsches; außerdem befremdet es den heutigen Leser manchmal, wie stark einige dieser Abhandlungen an den praktischen An-
wendungsmöglichkeiten der befreundeten Zahlen orientiert sind: Ibn
Chaldûn zum Beispiel fügt Anleitungen zur Anfertigung von Freund-
schafts-Talismanen bei, und El Madschrîtî (der Madrider, gest. 1007 n.
Chr.) gibt ein Rezept an, wonach man die Zahlen 220 und 284 auf-
schreiben solle und die kleinere wem man will zu essen geben, und
selbst die größere essen; der Verfasser habe die erotische Wirkung
davon in eigener Person erprobt.
    Zu Beginn der Neuzeit haben zwei französische Mathematiker
Thabits Formel wiederentdeckt, unabhängig von ihm und unabhängig voneinander: Pierre Fermat 1636 und René Descartes 1638.
Über Daten und Hintergründe dieser Entdeckungen ist man genau-
estens unterrichtet. Zwar war das Problem der Veröffentlichung
neuer mathematischer Erkenntnisse auch damals noch nicht gelöst:
Die Drucklegung von Büchern dauerte sehr lange und die mathematischen Zeitschriften waren noch nicht erfunden; aber es war doch
um die Publizistik schon viel besser bestellt als zu Pythagoras' Zeiten: Die Gelehrten der Zeit korrespondierten mit dem Pater Mer-

senne, und ein Brief an Pater Mersenne war damals so gut wie heute ein Brief an die Redaktion der Mathematischen Annalen. Auch Fermat und Descartes schrieben an Mersenne, der die Entdeckungen im Vorwort eines seiner nächsten Bücher als große Leistung genialer Mathematiker feierte.

Fermat und Descartes haben sich bei dieser Gelegenheit natürlich auch überlegt, wie man die Teilersumme einer Zahl angeben kann, wenn man die Zerlegung in Primzahlpotenzen kennt. Dies ist bequem zu machen, wenn man nur die folgenden zwei Formeln bemerkt:

(1) $\sigma(B \cdot C) = \sigma(B)\,\sigma(C)$ für teilerfremde B und C

(2) $\sigma(p^n) = 1 + p + p^2 + \ldots + p^n = \dfrac{p^{n+1} - 1}{p - 1}$ für Potenzen
       für Potenzen einer Primzahl p.

Dabei bedeutet $\sigma(A)$ die Summe *aller* Teiler einer Zahl A; die Summe der echten Teiler ist also gleich $\sigma(A) - A$. Die Bedingung, daß A und B befreundet sind, bedeutet also

$$\sigma(A) - A = B \quad \text{und} \quad \sigma(B) - B = A,$$

oder auch:

(3) $\sigma(A) = A + B = \sigma(B).$

Mit diesen drei Formeln ließ sich bequem rechnen. Die Formel (2) ist übrigens historisch bedeutsam, weil sie zur Entdeckung des berühmten „*kleinen Fermatschen Satzes*" führte:

Wenn $n + 1$ eine Primzahl ist, dann ist diese Primzahl ein Teiler von $p^n - 1$. (Dies gilt für jede positive ganze Zahl p.)

Bei der Suche nach vollkommenen und befreundeten Zahlen legte
sich Fermat (wie später Euler in größerem Umfang) Tabellen für die
Primfaktorzerlegung von $\sigma(p^n)$ an, und dabei *mußte* er zwangsläufig
den „kleinen Fermat" entdecken.

Nach einer Periode unbedeutender Arbeiten im Anschluß an Fermat und Descartes bringt erst *Leonhard Euler* wieder Bewegung in
das Problem der befreundeten Zahlen. Euler nimmt das Problem mit
der ihm eigenen Gründlichkeit in Angriff. Die Ergebnisse kann man
in seinen vielbändigen „Opera Omnia" nachlesen, unter Titeln wie
„De numeris amicabilibus" oder „. . . de summis divisorum". Zunächst einmal beweist er, daß die Regel von Euklid *alle geraden vollkommenen* Zahlen liefert, und daß *ungerade* vollkommene Zahlen —
falls überhaupt welche existieren — eine gewisse spezielle Gestalt
haben müssen. Über die Frage nach der Existenz einer ungeraden vollkommenen Zahl hatte übrigens schon Descartes ausführliche Spekula-
tionen angestellt. Die Frage ist bis heute mysteriös geblieben; es gibt
viele mathematische Arbeiten darüber — fast jedes Jahr erscheint eine
neue.

Als nächstes fragt Euler nach allen befreundeten Zahlenpaaren der
Gestalt

$$A = 2^n \cdot p \cdot q \quad \text{und} \quad B = 2^n \cdot r$$

mit Primzahlen *p, q, r.* (Verabredung: Schreibe ich ein Produkt *abc*
mit Malpunkten $a \cdot b \cdot c$, so sollen die Faktoren damit paarweise
teilerfremd vorausgesetzt werden. Dies wird im folgenden umständ-
liche Formulierungen ersparen). Als Antwort erhält er eine Regel,
die der Thabitschen Regel zwar sehr ähnlich, aber doch etwas allgemeiner ist. Euler konnte mit seiner Verallgemeinerung allerdings kein
neues Exemplar befreundeter Zahlen finden, weil die Primzahltabellen seiner Zeit nur bis 100 000 reichten; fündig wurden erst Legendre
und Tschebyschew mit Hilfe neu entwickelter Primzahltests: sie fan-
den *einen* Fall, in dem Eulers allgemeinere Regel ein neues Paar be-

freundeter Zahlen ergibt. In neuester Zeit fand sich mit Computer-
Hilfe noch ein weiterer Fall.

Als nächstes sucht Euler nach befreundeten Zahlen ganz anderer
Gestalt, insbesondere auch nach *ungeraden* befreundeten Zahlen,
zum Beispiel in der Form

$$A = a \cdot p \cdot q \quad \text{und} \quad B = a \cdot r \quad (p,\, q,\, r \text{ prim}),$$

wobei er sich entweder den gemeinsamen Faktor a vorgibt und dann
eine bilineare diophantische Gleichung für p und q erhält, oder aber
zwei bis drei der Primzahlen p, q, r vorgibt und nach einem passen-
den gemeinsamen Faktor a sucht. Die letzte Methode führt ihn zum
Beispiel mit Leichtigkeit auf die folgenden Paare *ungerader* befreundeter Zahlen:

$$3^2 \cdot 7 \cdot 13 \cdot 5 \cdot 17 \qquad 3^4 \cdot 5 \cdot 11 \cdot 29 \cdot 89$$
$$3^2 \cdot 7 \cdot 13 \cdot 107 \qquad 3^4 \cdot 5 \cdot 11 \cdot 2699.$$

Euler setzt in seinen Arbeiten fünf verschiedene Methoden zur Aufspürung neuer befreundeter Zahlenpaare auseinander, wendet sie mit
großer rechnerischer Virtuosität und Geduld auf viele Zahlenbeispiele an und präsentiert seinen staunenden Zeitgenossen, die sich zum
Teil mit derselben Hingabe – aber fast ohne Erfolg – an dem Problem versucht hatten, zum Schluß einen Katalog von rund 60 Neu-
entdeckungen.

Ich möchte hier darauf verzichten, Ihnen eine der Eulerschen Methoden genauer vorzuführen. Alle laufen darauf hinaus, daß man einen Teil der Primfaktorzerlegung der zu entdeckenden Zahlen
schlicht *erraten* muß – wobei Intuition, Geschicklichkeit und Erfah-
rung eine wesentliche Rolle spielen – und dann zur Bestimmung der
übrigen Faktoren gewisse Gleichungen löst. Dabei treten zwei ver-
schiedenartige Probleme auf, jedes auf seine Art meist ziemlich
schwierig: Erstens ein diophantisches Problem, das heißt, die Glei-

chungen müssen zunächst einmal in ganzen Zahlen gelöst werden.
Und zweitens muß dann getestet werden, ob die als Primzahlen an-
gesetzten Zahlen auch tatsächlich Primzahlen sind.

Jedenfalls erhielt das Problem der befreundeten Zahlen durch
Eulers Arbeiten einen *völlig anderen Charakter als das der vollkommenen Zahlen*. Ich kann die wechselvolle Geschichte beider Probleme von Euler bis heute, die sich in hunderten von Publikationen
widerspiegelt, hier unmöglich weiter systematisch nachzeichnen,
möchte aber den Unterschied grob charakterisieren: Die Suche nach
geraden vollkommenen Zahlen ist zu einem technischen Hochlei-
stungssport (nach den festen Regeln von Euklid) geworden; jede
neue Entdeckung war gleichzeitig ein neuer Weltrekord bei der Jagd
auf große Primzahlen; eine Liste von Rekordhaltern wird uns Don
Zagier in seiner Exkursion zu den Primzahlen noch zeigen. Die Literatur über *ungerade vollkommene Zahlen* hat sich zu einer Art Phan-
tom-Jagd entwickelt: Niemand hat je eine gesehen, aber viele stellen
scharfsinnige Untersuchungen darüber an, wie sie nicht aussehen. Die
weitere Geschichte der *befreundeten Zahlen* dagegen möchte ich mit
einer Jagd auf exotische Schmetterlinge vergleichen: Es ist außerordentlich schwierig, neue zu finden, aber mit dem richtigen methodi-
schen Rüstzeug, dem nötigen theoretischen Wissen, mit Geschick
und Ausdauer und einer kleinen Portion Glück gelingt es doch hin
und wieder, ein neues Exemplar einzufangen.

Die Faszination einer solchen Jagd und die Freude über jeden Erfolg haben offensichtlich schon Euler dazu angetrieben, immer weiter
nach neuen Zahlen zu suchen und sich nicht etwa mit drei, vier Beispielen zufrieden zu geben. Diese Empfindungen können heute neben
den Schmetterlingsjägern vielleicht nur noch jene Mathematiker richtig nachempfinden, die sich der Jagd auf endliche einfache Gruppen
verschrieben haben (und sich etwa wie B. Fischer fragen ob ein
„Baby-Monster" existiert). Einer der Entdecker endlicher einfacher
Gruppen (nämlich derer vom „Typ G_2"), der Amerikaner L.E. Dickson, hat sich denn bezeichnenderweise auch an der Jagd auf befreun-

dete Zahlen beteiligt; er benutzte eine der Eulerschen Methoden, brachte aber nur zwei neue Paare zur Strecke.

Überhaupt ist Altmeister Euler bis vor einigen Jahrzehnten unangefochten geblieben, wie ein Blick auf die Liste der Entdecker mit der Anzahl ihrer Entdeckungen zeigt (siehe umseitige Tabelle). Euler verlor seinen Rekord erst an den belgischen Zahlentheoritiker Paul Poulet, dessen zweibändiges Zahlentheoriebuch 1929 in Brüssel unter dem vielsagenden Titel *„La chasse aux nombres"* (Die Jagd auf Zahlen) erschien und u.a. 62 neue Paare befreundeter Zahlen enthielt. Es geht Poulet dabei auch — wie schon Legendre und Tschebyschew — um die Erprobung neuer Primzahltests; ein großer Teil seines Werkes ist der Weiterentwicklung eines äußerst wirkungsvollen Primzahltests gewidmet, den der französische Zahlentheoretiker Lucas entdeckt hatte.

Der „Weltrekord" wechselte später über E.B. Escott auf Elvin J. Lee, beide USA. Auch sie benutzten im Grunde genommen wieder die Eulerschen Methoden, wenn auch in verfeinerten Versionen; Lee nimmt außerdem — als erster in großem Maßstab — Computer zur Hilfe.

Mit der Computer-Ära kam zeitweilig auch noch eine neue Methode auf, die Euler nie in den Sinn gekommen wäre: Man probiere alle Zahlen der Reihe nach durch, soweit die Rechenzeit reicht! Dies Spiel wurde von manchen Leuten, die anscheinend lange vor nicht voll ausgelasteten Großrechenanlagen zu sitzen hatten, ein paar Jahre lang immer weiter getrieben, mit unerhörtem Aufwand an Rechenzeit, anscheinend bis an die zehnstelligen Zahlen heran. Was mö-

Entdeckerliste

Die Tabelle enthält die Namen aller Entdecker befreundeter Zahlenpaare, sowie Anzahl und Datum ihrer Entdeckungegen. (Nach E.J. Lee, Journal of Recreational Mathematics 1972; ergänzt.)

PYTHAGORAS	1	(−500)
IBN AL-BANNĀ'	1	UM 1300
DESCARTES	1	1638
EULER	59 . . .	1747/50
LEGENDRE/TSCHEBYSCHEW	1	1830/51
PAGANINI	1	1866
SEELHOFF	2	1884
DICKSON	2	1911
MASON	14	1921
POULET	108 . . .	1929/48
GERARDIN	9	
BROWN	1	1939
ESCOTT	219 . . .	1946
WULF	4	1950
GARCIA	153	1957
ROLF	1	1965
ORE, ALANEN, STEMPLE	9	1967
BORHO	41	1967/72
LEE 390	. . .	1968/72
BRATLEY, MCKAY	14	1968
COHEN	62	1970
DAVID	12	1971/72
TE RIELE	4	1974
BORHO, HOFFMANN, NEBGEN, RECKOW	25	1979

gen hochtrainierte Zahlenjäger wie Euler, Poulet oder Lee wohl von
solch plumper Konkurrenz halten? Man kann dies nur schwer er-
messen: Stellen Sie sich etwa einen leidenschaftlichen Forellenang-
ler vor, der sich plötzlich Leuten gegenübersieht, die einfach ein
Stück Bachbett trocken legen und die Fische dann aufsammeln! Es
zeigte sich allerdings, daß die Sportangler diesen Teil des Baches
schon so erfolgreich leergefischt hatten, daß den Trockenlegern nur
noch eine relativ schmale Nachlese blieb.

Insgesamt kennt man heute rund 1100 befreundete Zahlenpaare.
Im Jahre 1972 erschien eine komplette Liste im ,,Journal of Recra-
tional Mathematics" (dem Journal für Erholungsmathematik), in
einer dreiteiligen Dokumentation von Champion Lee zusammen mit
dem Herausgeber dieser Zeitschrift, J.S. Madachy. Die Paare sind
nach der Größe der kleineren Zahlen geordnet; die Liste beginnt mit
den dreistelligen Zahlen des Pythagoras und endet mit einem Paar
25-stelliger Zahlen von Escott.

Man weiß nicht, ob es unendlich viele Paare befreundeter Zahlen
gibt, und ich persönlich glaube, daß man dies vielleicht nie wissen
wird. Der ungarische Zahlentheoretiker Paul Erdös hat aber bewiesen,
daß die befreundeten Zahlen jedenfalls die Dichte Null haben, das
heißt, daß ihr Anteil an der Menge aller Zahlen unterhalb x mit wachsendem x gegen Null strebt. Der Braunschweiger Zahlentheoretiker
Hans-Joachim Kanold hat bewiesen, daß bei jedem Paar befreundeter
Zahlen eine der Zahlen mindestens 3 verschiedene Primfaktoren haben muß, und daß die Regel von Thabit die Paare mit der einfachsten
möglichen Primfaktorzerlegung liefert. Ich selbst habe einmal bewiesen, daß es nur endlich viele befreundete Paare A, B gibt, so daß das
Produkt AB eine vorgegebene Anzahl w von Primfaktoren hat: Nämlich höchstens w^{2^w}. Auf diese und viele andere theoretische Einzel-
resultate möchte ich aber hier nicht näher eingehen, weil meines Erachtens der Natur dieses besonderen Problems die Konstruktion kon-
kreter Zahlenbeispiele viel angemessener ist.

Ich möchte Sie deshalb zum Schluß dieser Exkursion lieber einladen, einmal mit mir auf Jagd nach befreundeten Zahlen zu gehen, bewaffnet mit einem Konstruktionsverfahren, das von den Eulerschen Methoden grundverschieden ist. Es handelt sich dabei um ein Rezept, nach dem man aus schon bekannten befreundeten Zahlen neue herstellen kann, die sehr viel größer als das Ausgangspaar sind. Ich will Ihnen zuerst das Rezept verraten, dann einige Kostproben von seiner praktischen Anwendung geben und zum Schluß skizzieren, wie man auf dieses Rezept kommt.

Rezept

Man nehme:
ein befreundetes Zahlenpaar der Gestalt

$$A = a \cdot u, \ B = a \cdot s, \quad \text{mit } s \text{ prim.}$$

Man prüfe:

ist $p = u + s + 1$ eine Primzahl?

Wenn ja, und wenn nicht (zufällig) p in a aufgeht, so gilt für $n = 1, 2, 3, \ldots$ die

Regel:
Sind die beiden Zahlen

$$q_1 = (u + 1) p^n - 1 \ \text{ und } \ q_2 = (u + 1)(s + 1) p^n - 1$$

prim, so sind

$$B_1 = A \cdot p^n \cdot q_1 \ \text{ und } \ B_2 = a \cdot p^n \cdot q_2$$

miteinander befreundet.

Beispiel 1: Wir nehmen das Paar von Pythagoras:

$$220 = 2^2 \cdot 55 \qquad 284 = 2^2 \cdot 71$$
$$A \ = a \cdot u \qquad B \ = a \cdot s$$

Die Zahlen $s = 71$ und $p = u + s + 1 = 55 + 72 = 127$ sind prim.
Also erhalten wir eine „Regel" des angegebenen Types. Diese Regel
liefert für $n = 1$ keine Primzahlen q_1, q_2, wohl aber für $n = 2$:

$$n = 2: \qquad \begin{aligned} B_1 &= 220 \cdot 127^2 \cdot 903\,223 \\[4pt] B_2 &= 4 \cdot 127^2 \cdot 65\,032\,127, \end{aligned}$$

ein Paar befreundeter Zahlen. Dies sind schon ziemlich große Zahlen,
die man so aus der Kenntnis der 220 fast ohne Rechnung erhält! Sie
waren bisher nicht bekannt.

Beispiel 2: Wir nehmen das Eulersche Paar

$$A = 3^4 \cdot 5 \cdot 11 \cdot 29 \cdot 89 = a \cdot u$$
$$B = 3^4 \cdot 5 \cdot 11 \cdot 2\,699 \ = u \cdot s.$$

Auch hier erweisen sich die Zahlen $s = 2699$ und
$p = u + s + 1 = 5281$ als prim. Also liefert auch dies Paar von Euler
eine „Thabit-Regel" des obigen Typs. Hier führt gleich $n = 1$ zum Erfolg (das heißt zu Primzahlen q_1, q_2):

$$n = 1: \qquad \begin{aligned} B_1 &= 3^4 \cdot 5 \cdot 11 \cdot 29 \cdot 89 \cdot 5281 \cdot 13\,635\,541 \\[4pt] B_2 &= 3^4 \cdot 5 \cdot 11 \cdot 5281 \cdot 36\,815\,963\,399 \end{aligned}$$

sind befreundet.
Ich möchte Ihnen jetzt den Weg andeuten, auf dem man dieses

Rezept findet. (Nachdem man erst einmal darauf gekommen ist, ist der „Beweis" für einen Mathematiker natürlich ein leichtes Spiel.) Wir suchen gleich nach einer unendlichen Serie befreundeter Zahlenpaare und machen dafür den Ansatz:

(4) $B_i = b_i \cdot p^n \cdot q_i$ für $i = 1, 2,$

den ich im Moment nicht weiter begründen möchte. Dabei sollen q_1, q_2 und p Primzahlen sein. Die drei Zahlen b_1, b_2 und p sollen fest vorgegeben werden, und für jeden Wert von $n = 1, 2, 3, \ldots$ sind q_1 und q_2 jeweils gesucht. Daß B_1 und B_2 befreundet sind, bedeutet (nach (3) oben)

$$\sigma(B_1) = B_1 + B_2 = \sigma(B_2).$$

Hieraus folgt

$$\frac{B_1}{\sigma(B_1)} + \frac{B_2}{\sigma(B_2)} = 1,$$

und mit den Formeln (1) und (2) ergibt sich

$$1 = \sum_{i=1,2} \frac{B_i}{\sigma(B_i)} = \sum_{i=1,2} \frac{b_i}{\sigma(b_i)} \cdot \frac{p^n}{\frac{p^{n+1}-1}{p-1}} \frac{q_i}{(q_i+1)}$$

Man muß sich nun überlegen, daß mit $n \to \infty$ notwendig auch q_1 und q_2 gegen ∞ streben. Deshalb wird aus dieser Gleichung beim Grenzübergang $n \to \infty$:

(5) $1 = \sum_{i=1,2} \frac{b_i}{\sigma(b_i)} \frac{p-1}{p} .$

Dies ist nun eine Kopplungsbedingung für die drei Zahlen b_1, b_2 und

p, die wir in den Ansatz hineinstecken müssen. Wenn man nun die einfachsten Lösungen dieser Gleichung (5) aufsucht, die für unseren Ansatz in Frage kommen, dann kommt man nach einigen Überlegungen schnell auf $b_1 = 220$, $b_2 = 4$ womit dann (5) für p den Wert 127 bestimmt, und die oben im Beispiel 1 auftretende „Regel" gefunden ist. Hierbei tritt also scheinbar zufällig die 220 auf, selbst eine befreundete Zahl. Da wir als Mathematiker nicht gern an Zufälle glauben, forschen wir nach der Ursache. Dabei findet man dann das oben angegebene allgemeine „Rezept", um aus bekannten befreundeten Zahlen Regeln herzustellen, die neue befreundete Paare liefern und der Thabit'schen Regel ähneln.

In der Literatur findet man (mindestens) 67 befreundete Zahlenpaare des im Rezept verlangten Typs. Für 22 von ihnen ist $p = u + s + 1$ tatsächlich prim. Damit sind 22 solche „Thabit-Regeln" gefunden. Dieses Verfahren, erläutert an den kleinsten Zahlenbeispielen, habe ich 1972 in der Zeitschrift „Mathematics of computation" veröffentlicht, mit einem Aufruf an die Primzahl-Experten, weitere Beispiele auf Computern zu rechnen.

Ich sollte an dieser Stelle doch ein paar Worte darüber verlieren, wie schwierig es ist, von einer vorgelegten Zahl q zu entscheiden, ob sie eine Primzahl ist. Das naive Verfahren: Dividieren durch alle Zahlen unterhalb der Quadratwurzel erfordert $\sqrt{q}$ Rechenoperationen; die meisten scharfsinnig ausgedachten Verbesserungen erfordern bei genauerem Hinsehen immer noch $0\,(\sqrt{q})$ Rechenoperationen. Man kann den Rechenaufwand neuerdings auf $0\,(\sqrt[4]{q})$ Operationen drücken, nach einem raffinierten Verfahren von D. Shanks, bei dem man zunächst die Klassenzahl des imaginär-quadratischen Zahlkörpers $Q\,(\sqrt{-q})$ berechnet. – Wenn man wüßte, daß die berühmte Riemannsche Vermutung über die Nullstellen der Zeta-Funktion zutrifft, und zwar sogar in der auf L-Funktionen verallgemeinerten Form, dann könnte man beweisen, daß $0\,((\log q)^3 \log \log \log q)$ Rechenoperationen für die Entscheidung ausreichen, ob q prim ist. Das Analogon der Riemannschen Vermutung bei den L-Funktionen von algebrai-

schen Kurven über endlichen Körpern konnte André Weil 1948 beweisen; darauf gestützt zeigen neuere Arbeiten von D.A. Burgess und
G. Miller, daß jedenfalls $0 \, (\sqrt[7]{q})$ Rechenoperationen genügen.

Die Situation ändert sich aber völlig, wenn man die Primfaktorzerlegung von $q + 1$ kennt: Bei Anwendung des Lucas-Lehmer-Tests
(von E. Lucas erfunden und 1930 in den Annals of Mathematics von
D.H. Lehmer weiterentwickelt) weiß man dann gewöhnlich schon
nach $0 \, (\log q)$ Rechenoperationen, ob q prim ist oder nicht. Das bedeutet, daß die Anzahl der für diesen Test erforderlichen Operationen nur proportional zur Anzahl der Ziffern von q wächst. Dieses
phantastische Ergebnis dürfte wohl kaum zu unterbieten sein! Für
die Abschätzung des tatsächlich erforderlichen Rechenaufwandes —
gemessen etwa in Computer-Sekunden — muß man allerdings noch
berücksichtigen, daß Zahlen mit so großer Ziffernanzahl z, wie sie
hier betrachtet werden, selbst für den heutigen Computer keine ge-
wohnte Kost sind, so daß sie ihm beim Multiplizieren ungewöhnlich
lange auf dem Rechenwerk liegen, — nämlich $0 \, (z^2)$ gewöhnliche
Multiplikationen lang (herkömmlich; allerdings nur
$0 \, (z \log z \log \log z)$ nach einem neuen, von A. Schönhage und V.
Strassen kunstvoll entworfenen Algorithmus zur schnellen Multiplikation großer Zahlen). Aber auch wenn wir den tatsächlichen
Rechenaufwand für einen Lucas-Lehmer-Test mit $0 \, ((\log q)^3)$ ver-
anschlagen, ist das noch ein verblüffend schneller Primzahltest.

Ein Blick auf die nach unserem Rezept produzierten ,,Thabit-
Regeln'' oben zeigt nun, daß sie für den Lucas-Lehmer-Test wie ge-
schaffen sind. Diesen Vorzug teilen sie zwar mit den Formeln von
Thabit und deren Eulerscher Verallgemeinerung, aber diesen haben
sie noch zwei entscheidende Vorzüge voraus: Erstens brauchen hier
nur *zwei* große Zahlen gleichzeitig prim zu werden, dort aber drei,
und zweitens kann man hier viele neue, ähnliche Regeln erzeugen,
falls eine nicht genug hergibt.

Mein Aufruf an die Computer-Experten fand erfreuliche Reso-
nanz. Allerdings wurde ihre Geduld zunächst auf eine harte Probe

gestellt, weil sich eine der beiden großen Zahlen q_1, q_2 fast immer als zusammengesetzt erwies. Am 2. Oktober 1972 schrieb mir Hermann te Riele über die Thabit-Regel, die ich vorhin als Beispiel 2 erwähnte, daß sie erst für $n = 19$ wieder Zahlen q_1, q_2 liefere, die wenigstens *pseudo-prim* seien. Pseudo-prim bedeutet, daß die Aussage des kleinen Fermatschen Satzes erfüllt ist (q_i teilt $a_i^{q_i-1} - 1$ für ein $a_i > 1$). Dies bedeutet noch nicht, daß die Zahlen wirklich prim sind, macht es aber sehr wahrscheinlich. — Vier Tage später schrieb mir te Riele, daß ein Lucas-Lehmer-Test für beide Zahlen positiv ausgefallen sei. Damit war das Paar 152-stelliger befreundeter Zahlen entdeckt, das ich Ihnen zu Anfang gezeigt habe.

* * *

Soweit die Geschichte, die ich Ihnen erzählen wollte. Wie bei jeder alten Geschichte soll die Frage nach der *Moral* erlaubt sein. Mancher mag sich mit dem stillen Vergnügen über eine Sammlung von Kuriositäten und Histörchen zufrieden geben. Wer auf einer ernsthaften Auskunft besteht, dem kann ich eine Stellungnahme von Leonhard Euler anbieten abgegeben in der Einleitung einer seiner Arbeiten „De numeris amicabilibus":

„Inter omnia problemata, quae in Mathesi tractari solent, nunc quidem a plerisque nulla magis sterila atque ab omni usu abhorrentia existimantur, quam ea, quae in contemplatione naturae numerorum et divisorum investigatione versantur . . ."

„Von allen Problemen, mit denen man sich in der Mathematik beschäftigt, wird nun zwar von vielen Leuten keines für unfruchtbarer und nutzloser gehalten, als diejenigen, die sich mit der *Natur der Zahlen* und ihrer *Teiler* befassen. In diesem Urteil weichen die heutigen Mathematiker stark von den Alten ab, die Überlegungen solcher Art einen viel größeren Wert beimaßen . . . Sie erachteten nämlich nicht nur die Auffindung der Wahrheit an sich als lobenswert und der menschlichen Kenntnis würdig, sondern sie fühlten außerdem auch

ganz richtig, daß durch diese Dinge die Kunst des Erfindens selbst
auf wunderbare Weise erweitert wird und dem Geist Möglichkeiten
gegeben werden, die geeignet sind, schwierige Aufgaben zu lösen. . .
Wahrscheinlich wäre die Mathematik niemals zu einem so hohen Per-
fektionsgrad gelangt, wenn die Alten nicht soviel Mühe darauf verwandt hätten, Fragen jener Art zu behandeln, die heute wegen ihrer
angeblichen Fruchtlosigkeit von vielen so sehr mißachtet werden".

Ich möchte diesen Worten Eulers nur noch ein einziges Beispiel
hinzufügen, das seine Behauptungen ziemlich schlagend beweist:
Nämlich die noch heute bewunderte

Eulersche Rekursionsformel für die Teilersumme:

(I) $\sigma(A) = \sigma(A-1) + \sigma(A-2) - \sigma(A-5) - \sigma(A-7) + \ldots,$

die man genauer so formulieren kann:

$$\sum_{n=-\infty}^{+\infty} (-1)^n \sigma(A - \frac{3n^2+n}{2}) = 0$$

wobei über alle ganzzahligen Werte von n summiert werden soll, aber
$\sigma(z) = 0$ für negative z und $\sigma(0) = A$ zu setzen ist. Euler hat sie bei
seinen ausgedehnten Rechnungen über befreundete Zahlen empirisch
entdeckt. Bei der Suche nach einem Beweis entdeckte er die berühmte *„Eulersche Identität"*:

(II) $\prod_{n=1}^{\infty} (1-x^n) = \sum_{n=-\infty}^{+\infty} (-1)^n x^{\frac{1}{2}(3n^2+n)}$

aus der (I) durch logarithmisches Ableiten und Koeffizientenverglei-
chen folgt. Die Summe rechts stellt die erste jemals aufgetretene
Theta-Funktion dar, und das Produkt links ist bis auf den Faktor

$x^{\frac{1}{24}}$ die Dedekindsche Eta-Funktion. Die Identität ist ein Spezialfall $(y = x^3, z = x^{-1})$ der *Theta-Funktions-Formel* von Jacobi (1828):

$$\text{(III)} \quad \prod_{n=1}^{\infty} (1 - y^n)(1 - y^n z)(1 - y^{n-1} z^{-1}) = \sum_{n=-\infty}^{+\infty} (-1)^n y^{\frac{1}{2} n(n+1)} z^n$$

die in der Theorie der elliptischen Funktionen eine wichtige Rolle spielte. Diese Identitäten führten schließlich Macdonald 1972 in einem berühmten Artikel in der Zeitschrift Inventiones mathematicae zur Entdeckung ganzer Serien von Identitäten für die Dedekindsche Eta-Funktion – und zwar für jede einfache Lie-Gruppe G eine Identität. Die Formeln von Euler und Jacobi gingen in den Macdonaldschen Identitäten als einfachste Spezialfälle ($G = Sl_2$) auf. Am Anfang dieser historischen Entwicklung aber stand zweifellos Euler – mit seiner Beobachtung (I) über die Teilersummen. Oder Pythagoras?

Bibliographische Anmerkungen und Ergänzungen

Die dreiteilige Arbeit von Lee und Madachy [12]*) ist die umfassendste Dokumentation über befreundete Zahlen, die je im Druck erschienen ist. Die 67 Titel umfassende Bibliographie dort liefert einen ausgezeichneten Zugang zur Originalliteratur bis 1971, so daß ich mich hier im wesentlichen auf einige bibliographische Ergänzungen und Kommentare beschränken kann. Das Hauptaugenmerk von Lee und Madachy [12] ist allerdings auf eine minutiöse Dokumentation aller numerischen Ergebnisse nebst deren Entdeckung durch 26 Entdecker sowie die dabei verwendeten Methoden gerichtet. Nachzutragen sind die oben geschilderte neue Methode [1], sowie te Riele's Anwendungen davon [18]. Die Ergebnisse von te Riele wurden kürzlich von den Studenten H. Hoffmann, E. Nebgen und R. Reckow bestätigt und erheblich ausgedehnt (Wuppertal 1979, siehe [36], [37]).

Wer an der *antiken* und *arabischen Geschichte* des Themas näher interes-

---

*) Zahlen in eckigen Klammern beziehen sich auf das Literaturverzeichnis am Ende des Beitrags.

siert ist, kann sich durch M. Cantors vierbändige „Geschichte der Mathematik"
[4] auf unterhaltsame Weise an die Quellen heranführen lassen; man findet
dort nicht nur viele Einzelheiten über vollkommene und befreundete Zahlen,
sondern auch einen Einblick in historische und kulturelle Hintergründe und
Entwicklungen. Der Hinweis auf das Auftreten der 220 in der Bibel (Genesis
XXXII, 14) steht bei Dickson [5], der auf einen Bibelkommentar des Abraham
Azulai (1570—1643) verweist; dieser wiederum zitiert den Kommentar eines
gewissen Rau Nachshon aus dem 9. Jahrhundert. — Auf Betrachtungen von P.
Tannery, wonach die 220 möglicherweise schon im alten Ägypten entdeckt
wurde, weisen Lee und Madachy [12] uns hin. —

O. Becker hat interessante Überlegungen über die Formel von Euklid für
gerade vollkommene Zahlen angestellt [26]; er sieht sie als ursprüngliches „Ziel
und Ende der Lehre vom Geraden und Ungeraden" bei Euklid an und erklärt
ihre Entdeckung mit Hilfe der Art und Weise, wie im alten Griechenland sogenannte „Rechensteine" verwendet wurden; schließlich versucht er seine Ansicht zu untermauern, daß für Eulers Satz von der Notwendigkeit der Euklidischen Formel bereits in archaischen Zeiten ein Beweis bekannt gewesen sei.
Immerhin hat Iamblichos den Eulerschen Satz schon formuliert. Aus einer
Text-Analyse beim Iamblichos wagt F. Hultsch [27] sogar den Schluß zu ziehen, daß Iamblichos "sei es nach eigenen Ausrechnungen, sei es nach älteren
Quellen, sowohl 8191 als 131071 als Primzahlen erkannt" habe (also
$2^{13} - 1$ und $2^{17} - 1$) und somit das antike Wissen über große Primzahlen und
über vollkommene Zahlen viel weiter gereicht habe, als man gemeinhin anneh-
me.

Die Gewißheit, daß die Araber mehr über vollkommene und befreundete
Zahlen wußten, als ihnen die Geschichtsschreiber bisher zubilligten, verdanken
wir Professor Mohamed Souissi von der Universität Tunis, der kürzlich die erwähnte Abhandlung des Ibn Al-Banna über vollkommene und befreundete
Zahlen übersetzt und veröffentlicht hat [32]. Ferner berichten einige sowje-
tische Historiker aus dem zentralasiatischen Teil der Sowjet-Union von bemer-
kenswerten Ausführungen über befreundete Zahlen in Manuskripten des Kut-
beddin Schirasi (13. Jhdt.) und eines gewissen Dschamschid al-Kaschi (vor
1430 an der Sternwarte von Samarkand) [38]. Danach waren die Zahlen
17296 und 18416 sowohl in Marokko (al-Bannā') als auch im Iran (Kutbed-
din) schon dreieinhalb Jahrhunderte vor Fermat bekannt. Al-Bannas Herleitung dieser beiden Zahlen (siehe Facsimile auf Seite 14) folgt einer allgemeinen Regel, deren Formulierung mit Thabits so genau übereinstimmt, daß dies
für mich deren Abhängigkeit belegt (entgegen Souissis Ansicht). Al-Kaschi
hingegen formuliert etwas anders; er macht dabei aber einen Fehler — mit der
Konsequenz, daß nicht geprüft wird, ob r prim ist (Notation wie oben) — und
kommt deshalb fälschlich auf 2024 und 2296 als das zweite Paar (angeblich!)
befreundeter Zahlen. Auf diese Fehler weise ich hier hin, weil sie in [38] nicht
bemerkt wurden. Ferner möchte ich erwähnen, daß die späteren islamischen
Autoren keinerlei Beweise für die Regel angeben, während Thabit selbst seine

zahlentheoretische Abhandlung noch ganz streng nach dem Vorbild der Euklidischen Elemente verfaßt und viel Sorgfalt auf Beweise verwendet hat.

Das Buch des Abu'l-Kasim Maslama Ibn A'hmad al Mag'riti oder
„el Madschriti", des Entdeckers der erotisierenden Wirkung der befreundeten
Zahlen, trägt den Titel „Ziel des Weisen" und wird von Steinschneider [33]
ausführlich beschrieben.

Cantors Werk erfaßt zwar auch das Mittelalter und die *Neuzeit* bis 1799,
für unser Thema ist aber das Werk von L.E. Dickson [5], das außerdem bis
1919 reicht, wesentlich ergiebiger. Dickson beginnt seine Geschichte der Zahlentheorie mit einer 50 Seiten langen minutiösen Chronik der Ereignisse, Ergebnisse und Veröffentlichungen auf dem Gebiet der vollkommenen und befreundeten Zahlen, einschließlich anderer, dadurch angeregter, Untersuchungen über Teilersummen. Im Unterschied zu Cantor beschränkt er sich auf einen
trockenen Katalog von Daten und Fakten.

Um einen lebendigen Eindruck von den Beiträgen von Fermat und Descartes
zu bekommen, empfiehlt es sich, ein wenig im Briefwechsel von Mersenne [15]
zu blättern. Im Vorwort zu seiner „Harmonie universelle" schreibt Mersenne:

„Or, si je voulois parler des hommes de grande naissance ou qualité, qui se
plaisent tellement en cette partie des mathématiques qu'on le sçauroit peut-
être leur rien enseigner, je répéterois le nom de celui à qui le livre de l'orgue
est dédié [E. Pascal] et ajouterois Monsieur Fermat, Conseiller au Parlement de
Thoulouse, auquel je dois la remarque qu'il a faite des deux nombres 17296
et 18416, dont les parties aliquotes se referont mutuellement, comme tout
celles des deux nombres 220 et 284 . . . Et il sçait les règles infaillibles et
l'analyse pour en trouver une infinité d'autres semblables."

Descartes schreibt an Mersenne am 31. März 1638: „Leur autre question
est ce probleme: trouver une infinité de nombres, lesquels estant prix deux
à deux, l'un est égal aux parties aliquotes de l'autre, et reciproquement l'autre
est égal aux parties aliquotes du premier. A quoi je satisfait par cette regle: Si
sumatur binarius, vel quilibet alius numerus ex solius binarii multiplicatione
productus, modo sit talis ut si tollatur unitas ab ejus triplo, fiat numerus primus;
et denique si tollatur unitas ab ejus quadrati octodecuplo, fiat numerus primus;
ducaturque hic ultimus numerus primus per duplum numeri assumpti, fiat
numerus cujus partes aliquotae dabunt alium numerum, qui vice versa partes
aliquotas habebit aequales numero praecedenti. Sic assumendo tres numeros
2, 8 et 64, habeo haec tria paria numerorum".

Dies ist Descartes Version der Regel von Thabit. Hier eine deutsche Übersetzung:

„Nehmet 2 oder eine andere Zahl entstehende durch einigemahlen wieder-
hohlter Multiplication der Zahl 2 in ihr selbsten, von solcher Beschaffenheit:
Daß wenn man von deren Dreyfach, Sechsfach, und von deren Quadrats Acht-
zehnfach die Unitaet subtrahiret, daß allemahl eine Prim-Zahl uebrig bleibet;
Solchemnach wird die letzte Zahl, multiplicirt seynde durch das Duplum der
genommenen Zahl, eine Zahl ausmachen, wessen partes zusammen geaddirt

eine Zahl geben, wovon die partes zusammen addiert wiederum die vorher-
gehende Zahl hervor bringen."

Dies hat ein gewisser B.A. Wodarch 1723 in einer Abhandlung über „genaue Zahlen-Erkaentniß" geschrieben, die auch ausführlich auf vollkommene
und befreundete Zahlen eingeht [21]. Sie ist in einer der wohl ältesten mathematischen Zeitschriften erschienen, den „Kunst-Fruechten" der Mathematischen Gesellschaft in Hamburg, die damals noch den Namen „Kunst-Rechnungs lieb- und uebende Societaet" trug und sich heute als die älteste noch be-
stehende mathematische Gesellschaft der Welt ansieht. Ich erwähne diese Abhandlung hier nicht nur als ein Beispiel für die historischen Raritäten aus der
Zeit vor Euler, sondern vor allem deswegen, weil sie der Aufmerksamkeit von
Dickson [5], Lee und Madachy [12] entgangen ist und zu einer Korrektur in
[12] (p. 79, 1. 29−31) Anlaß gibt. Dickson hätte den Artikel auch schwer-
lich finden können, galt doch der ganze Band selbst bei der Mathematischen
Gesellschaft in Hamburg als verschollen! Da die interessierten Liebhaber Mühe
haben würden, sich das Exemplar, das sich durch einen Zufall wieder ange-
funden hat, zu beschaffen, erlaube ich mir, noch etwas mehr zu zitieren:
„Wer sich der Curieusitaet anmasset, einige Perfect-Zahlen zu suchen, der wird
bey einer solchen Arbeit die Erkaentniß der numerorum primorum noethig
finden. Von dergleichen Perfect-Zahlen, seynd biß dahin nur 8 entdecket, . . .".
„Nicht weniger wird die Erkaentniß der Prim-Zahlen zu Findung derer Numerorum amicabilium erfordert. Von dieser Art Zahlen seynd biß daher nur 3
Paar bekannt, nemlich 220 mit 284 als das erste Paar, . . ."
„Die Construction derselben weisen Kunstreich an, die beruehmten Maenner
nemlich mehrerwehnter Professor Prestet in seinen Elemens de Mahtemati-
ques Tom. 2; ingleichen der Professor von Schooten in seine Mathematische
Oeffening, item vorgedachter Hellingwerff in seine Wiskonstige Oeffening,
durch verschiedene Algebraische Methoden. Der grosse des Cartes hat folgende General-Regul darueber ausgestellt:"

Es folgen die oben zitierte Version der Regel von Thabit und sodann Bei-
spielrechnungen.
„. . . und ich habe biß an die 46ste Groesse immer compositos, folgbar keine
Zahlen gefunden, welche das 4te Paar der Numerorum amicabilium zu Wege
bringen koennen. Bey der 46sten Involvirung und sothanen Multiplication
ergeben sich die Zahlen 211106232532991 und 422212465065983, wobey
ich nun nicht die Muehe nehmen wollen zu untersuchen ob selbige prim
seyn. Gesetzt aber man finde sie beede prim, so mueste auch noch
89131682828547379792736944127 untersuchet werden, welche Arbeit fuer
einen Liebhaber bleiben mag . . ."
„. . . Jedoch weil die Sache keinen sonderbaren Nutzen hat, so mag es ruhen,
und habe ich nur durch diese kleine Vorstellung die Muehe beruehren, und fuer
vergeblicher Arbeit warnen wollen."

Hiernach hat Wodarch die Regel von Thabit bis zum Term 45 untersucht,
also viel weiter als später Euler (bis 8), Legendre (1830, bis 15) und Le

Lasseur (1891, bis 34), wenn auch nicht so weit wie Gerardin (1908, bis 200) und Riesel (1969, bis 1000), vgl. [12]. Daß Thabits Regel sogar bis zum Exponenten $n = 20\,000$ außer den drei bekannten kein neues Paar befreundeter Zahlen mehr liefert, weiß ich von den Studenten J. Buhl und S. Mertens aus meiner Arbeitsgemeinschaft elementare Zahlentheorie, siehe [36], [37]. Die Zahl $3 \cdot 2^{12676} - 1$, ein Monstrum von 3817 Ziffern, erwies sich als Primzahl, außerdem noch genau 30 kleinere Zahlen der in Thabits Regel betrachteten Form $3 \cdot 2^n - 1$.

Die *Arbeiten von Euler* zu unserem Thema sind so umfangreich, vielseitig und geistreich, daß es sich auch heute noch lohnt, sie im Original zu lesen [7]. Einen bequemen Überblick über seine wichtigsten Ideen und Methoden vermitteln allerdings auch schon Dickson [5] sowie Lee und Madachy [12], so daß ich mir hier erlauben durfte, nicht näher darauf einzugehen. Bei meinem Epilog über die Eulersche Rekursionsformel (I) für die Teilersumme stütze ich mich direkt auf die ausführlichen Originalarbeiten von Euler [7]. Man findet aber eine Zusammenfassung bei Scriba [19] (S. 127–129), die sich auf den Briefwechsel zwischen Euler und Goldbach stützt. Am 21. März / 1. April 1747 etwa schreibt Euler an Goldbach: ,,Letztens habe ich eine sehr wunderbare Ordnung in den Zahlen, welche die summas divisorum der numerorum naturalium darstellen, entdecket, welche mir um so viel merkwürdiger vorkam, da hierin eine große Verknüpfung mit der Ordnung der numerorum primorum zu stecken scheint. Dahero bitte Ew. Hochwohlgeb., diesen Einfall einiger Aufmerksamkeit zu würdigen." . . . ,,Der Grund dieser Ordnung fällt um so weniger in die Augen, da man nicht sieht, was die Zahlen 1, 2, 5, 7, 12, 15 etc. für eine Verwandtschaft mit der natura divisorum haben. Ich kann mich auch nicht rühmen, daß ich davon eine demonstrationem rigorosam hätte. Wann ich aber keine hätte, so würde man an der Wahrheit doch nicht zweifeln können, weil bis über 300 diese Regel immer eingetroffen. Inzwischen habe ich doch dieses theorema aus folgendem Satz richtig hergeleitet." – Gemeint ist hiermit die Potenzreihen-Identität (II), damals noch unbewiesen, auf die Euler auch im Zusammenhang mit Partitionen gestoßen war, und die er erst Jahre später beweisen konnte. Über die Potenzreihen-Identitäten bei Euler, Legendre, Gauß und Jacobi (insbes. in dessen Fundamenta nova) wird ebenfalls in [19] berichtet; für die modernen Verallgemeinerungen durch Macdonald und Kac, die als Anwendungen aus der Darstellungstheorie der Lie-Algebren kommen, verweise ich hier auf die Original-Arbeit von Macdonald [13], sowie auf Jens Carsten Jantzens Exkursion über Darstellungstheorie und Kombinatorik und die dort angegebene Literatur.

Die lebhafteste und ergebnisreichste Phase der ,,Phantom-Jagd" auf *ungerade vollkommene Zahlen* liegt in unserem Jahrhundert und wird nicht mehr durch Dicksons Chronik [5] erfaßt; es gibt aber einen ausführlichen mathematischen Ergebnisbericht von P.J. McCarthy für die Zeit von 1919 bis 1957 [14]. Für die noch aktuellere Entwicklung verweise ich nur exemplarisch auf Originalarbeiten von Hagis [8] und Robbins [17] und die dort angegebene Li-

teratur. Weitere interessante Literaturhinweise hierzu findet man in einem
Übersichtsvortrag von Kamps 1975 [9], der unabhängig von dem Bericht von
McCarthy ist, allerdings auch einen völlig anderen Charakter hat, da er sich
ausdrücklich an *Nichtmathematiker* wendet. Diese schöne Konstanzer Antrittsvorlesung von Kamps geht auch auf die *geraden vollkommenen Zahlen* und die
damit verbundene Weltrekord-Jagd auf die größten bekannten Primzahlen ein.
Mehr neuere Daten über diese Rekordjagd findet man in Don Zagiers „Streif-
zug" durch die ersten 50 Millionen Primzahlen zusammengestellt, beginnend
bei Lucas 1876. Die Chronik für die Zeit davor kann man aus Dickson [5] entnehmen. Den jüngsten Weltrekord der Schüler Nickel und Noll aus Kalifornien,
die 6533-stellige Primzahl $2^{21701} - 1$,*) meldete die Süddeutsche Zeitung vom
17.11.1978 unter der Überschrift „Größte Primzahl blieb im Sieb des Erathosthenes hängen" (— ein guter Witz, denn das Sieb des Erathosthenes ist für
die Aufspürung so großer Primzahlen ungefähr so gut geeignet wie eine Axt für
die Spaltung von Atomkernen). Ein Facsimile des US-Poststempels „$2^{11213} - 1$
is prime", mitsamt einem Computer-Ausdruck dieser 3376-stelligen Primzahl,
findet man neben anderen Kuriositäten in der mathematischen Unterhaltungs-
kolumne im Scientific American, die Martin Gardner der „nutzlosen Eleganz"
der vollkommenen und befreundeten Zahlen gewidmet hat [24].
    Wer an *Primzahltests* für große Zahlen interessiert und etwa noch nicht mit
dem Lucas'schen Test für Primzahlen der Form $2^p - 1$ vertraut sein sollte (der
übrigens auf einer Variante des kleinen Fermat'schen Satzes für Zahlen in
$Q(\sqrt{5})$ oder $Q(\sqrt{3})$ basiert), kann eine bequeme Einführung in dem klassi-
schen Zahlentheorie-Buch von Hardy und Wright finden ([25], § 6.14 und
§ 15.5), oder auch in dem originellen Büchlein „Solved and unsolved problems
in number theory" von D. Shanks [29], das die vollkommenen Zahlen als Leit-
motiv nimmt. Wer genau wissen möchte, wie man bei den großen Zahlen q_1, q_2,
die in den Thabit-Regeln auftreten, praktisch am zweckmäßigsten zu Werke geht,
kann in [37] eine vereinfachte Version des Lucas-Tests nachlesen, die diesem
Zweck besonders angepaßt ist; nebenbei gebe ich dort auch eine ausführliche
allgemeine Einführung in die Theorie der Primzahl-Kriterien vom Lucas'schen
Typ. Seinen neuen Primzahltest für beliebige Zahlen in $0(\sqrt[4]{q})$ Rechenschrit-
ten — auf dem Umweg über Klassenzahl-Berechnungen — hat D. Shanks in
[30] beschrieben; übrigens hat dieses Verfahren gegenüber vielen anderen den
Vorteil, ggf. auch die Faktoren von q explizit zu liefern. Wie man theoretische Abschätzungen für die Anzahl der Rechen-Operationen, nach denen gewisse Testverfahren spätestens zu einer Entscheidung führen müssen, unter Vor-

---

*) Nach neuesten Nachrichten sind auch $2^{23209} - 1$ (Noll) und $2^{44497} - 1$
prim [31].

**) Neuerdings hat J. Wolfart eine Antrittsvorlesung vorgelegt, die genau dies
leistet [22]. Einen noch ausführlicheren, ausgezeichneten aktuellen Überblick
über dieses Gebiet — mit 100 Literaturhinweisen — hat H.C. Williams [39] gegeben.

aussetzung der verallgemeinerten Riemann'schen Vermutung erhält, steht bei
M. Mignotte [27] zu lesen, die Abschätzung $0(\sqrt[7]{q})$ bei G. Miller [28]. Dies
sind nur Beispiele aus einer reichen Fülle neuerer Original-Arbeiten zum
Thema Faktorisierung und Primzahlprüfung bei großen Zahlen, deren syste-
matische Erörterung eine eigene Vorlesung erfordern würde.**)

Aber vielleicht reichen die Andeutungen hier immerhin aus, um ein wenig
der verbreiteten Ansicht zu begegnen, daß dieses Thema lediglich eine Angele-
genheit stumpfsinniger Rechner — und jedenfalls für Mathematiker von Niveau
viel zu langweilig sei. Ich kann der Versuchung nicht widerstehen, zu dieser
Geschmacksfrage ein paar Sätze von C.F. Gauß aus den „Disquisitiones Arithmeticae" [40] zu zitieren:
„Dass die Aufgabe, die Primzahlen von den zusammengesetzten zu unterscheiden und letztere in ihre Primfactoren zu zerlegen zu den wichtigsten und nütz-
lichsten der gesamten Arithmetik gehört und die Bemühungen und den Scharf-
sinn sowohl der alten wie auch der neueren Geometer in Anspruch genommen
hat, ist so bekannt, dass es überflüssig wäre, hierüber viele Worte zu verlieren.
Trotzdem muß man gestehen, dass alle bisher angegebenen Methoden entweder
auf spezielle Fälle beschränkt oder so mühsam und weitläufig sind, dass sie . . .
auf grössere Zahlen . . . meistenteils kaum angewendet werden können . . .;
außerdem aber dürfte es die Würde der Wissenschaft erheischen, alle Hülfsmittel
zur Lösung jenes berühmten Problems fleissig zu vervollkommnen."

Dazu leistet Gauß dann seinen eigenen Beitrag, indem er zwei neuartige
Methoden entwickelt, die als Hilfsmittel seine Theorie der Quadratischen For-
men heranziehen (das zentrale Thema der Disquisitiones). Sie erweisen sich als
so schlagkräftig, daß der sonst so strenge, wortkarge Gauß sich davon beinahe
zum Schwärmen hinreißen läßt: „Übrigens ist es in der Natur der Aufgabe be-
gründet, dass jede beliebige Methode fortwährend um so weitläufiger wird, je
größer die Zahlen sind, auf die sie angewandt wird; für die folgenden Methoden aber wachsen die Schwierigkeiten sehr langsam, und die aus sieben, acht,
ja noch mehr Ziffern bestehenden Zahlen sind . . . stets mit glücklichem Erfolg
und mit aller Schnelligkeit (behandelt worden), die man billiger Weise für so
grosse Zahlen erwarten kann, welche nach allen bisher bekannten Methoden
eine auch dem unermüdlichen Rechner unerträgliche Arbeit erforderten."

Ein mathematischer Ergebnisbericht über die *theoretischen Resultate über
befreundete Zahlen,* die vor allem in den letzten Jahrzehnten zusammenge-
tragen worden sind, also etwa ein Pendant zum McCarthy-Bericht [14], steht
bisher noch aus. Der Bericht von Lee und Madachy [12] stellt die numerischen
Ergebnisse in den Vordergrund und zählt die theoretischen Arbeiten bis 1971
zwar auf, aber geht nur knapp darauf ein. Die in meinem Vortrag genannten
Beispiele theoretischer Resultate findet man in [2], [6] und [11]. Der in dieser
Richtung interessierte Leser sollte sich außerdem mit [3] befassen, wo über die
Ergebnisse von Artjuhov [35] hinausgegangen und — sehr grob gesprochen —
gezeigt wird, daß die befreundeten Zahlen mit einer vorgeschriebenen Anzahl

verschiedener Primteiler – von endlich vielen Ausnahmen abgesehen – gewissen „stark verallgemeinerten Thabit-Regeln" genügen müssen; ebenso mit den anderen Arbeiten von Kanold und Hagis (Zitate in [12]). Das Resultat von P. Erdös [6] über die asymptotische Verteilung der befreundeten Zahlen wurde kürzlich von C. Pomerance verbessert: Die Summe ihrer Reziproken ist endlich [41].

Schließlich möchte ich noch auf einen sehr lesenswerten Vortrag von Kanold [10] über vollkommene *und befreundete Zahlen* aufmerksam machen, der sich wie Kamps' ganz an die *Nichtmathematiker* richtet, allerdings mit anderen Intentionen als die Antrittsvorlesungen von Kamps und mir. Im genauen Gegensatz zu Lee und Madachy [12] klammert Kanold die konstruktiven und numerischen Aspekte des Themas fast völlig aus, wobei aber meines Erachtens deutlich wird, daß man in solcher Weise zwar die Geschichte der vollkommenen Zahlen treffend erzählen kann, nicht aber die der befreundeten Zahlen, die nun einmal zu einem guten Teil von konkreten Zahlen gelebt hat: Spiel mit Zahlen, Konstruktion von Zahlen, „Jagd auf Zahlen". Diese Ansicht war einer meiner Leitgedanken beim Entwurf des vorliegenden Vortrags und einer von mehreren Gründen, die mich glauben ließen, daß zwischen dem Vortrag von Kanold und der Dokumentation von Lee und Madachy noch Platz für diese Antrittsvorlesung geblieben ist. Stoffauswahl, Stil, Intention und Akzentsetzung sind weitgehend als eine Ergänzung zu diesem Hintergrund der bereits existierenden Sekundärliteratur zu verstehen, die ich in diesen Anmerkungen möglichst vollständig vorgestellt habe.

Literaturverzeichnis

[1] *Borho, W.*: On Thabit ibn Kurrah's formula for amicable numbers, Math. of Comp. **26**, (1972), 571–578.

[2] *Borho, W.*: Eine Schranke für befreundete Zahlen mit gegebener Teileranzahl, Math. Nachrichten **63** (1974), 297–301.

[3] *Borho, W.*: Befreundete Zahlen mit gegebener Primteileranzahl; Math. Ann. **209** (1974), 183–193.

[4] *Cantor, M.*: Vorlesungen über Geschichte der Mathematik, 4 Bände, Leipzig 1900–1908.

[5] *Dickson, L.E.*: History of the theory of numbers, Band 1, Washington 1919.

[6] *Erdös, P.*: On Amicable Numbers, Publ. Math. Debrecen **4** (1955), 108–111.

[7] *Euler, L.*: Opera Omnia, Teubner, Leipzig und Berlin 1915; Commentat. 100 (De numeris amicabilibus), 152, 175, 243 (Observatio de summis divisorum), 244.

[8] *Hagis, P.*: A lower bound for the set of odd perfect numbers, Math. Comp. **27** (1973), 951–953.

[9] *Kamps, K.H.*: Vollkommene Zahlen, Konstanzer Universitätsreden 79, Konstanz 1975.

[10] *Kanold, H.-J.*: Vollkommene und befreundete Zahlen, Natw. Gießener Hochschulgesellschaft **24** (1955), 122–130.

[11] *Kanold, H.-J.*: Über befreundete Zahlen I – II, Math. Nachr. **9** (1953), 243–248 und **10** (1953), 99–111.

[12] *Lee, E.J., und J.S. Madachy*: The History and Discovery of Amicable Numbers I – III, J. of Recreat. Math. **5** (1972), 77–93, 153–174 und 231–249.

[13] *Macdonald, I.G.*: Affine root systems and Dedekind's η-function, Invent. Math. **15** (1972), 91–143.

[14] *McCarthy, P.J.*: Odd perfect numbers, Scripta Mathematica **23** (1957), 43–47.

[15] *Mersenne, M.*: Correspondance du P. Marin Mersenne, Ed. du CNRS, Paris 1960; insbesondere Band VI, Brief no. 562, Fermat an M. am 24. Juni 1636; Band VII, Brief no 661, Descartes an M. am 31. März 1638.

[16] *Poulet, P.*: La Chasse Aux Nombres, Brüssel, Stevens, 1929.

[17] *Robbins, N.*: Lower bounds for the largest prime factor of an odd perfect number which is divisible by a Fermat prime, J. reine angew. Math. **278/279** (1975), 14–21.

[18] *te Riele, H.J.J.*: Four large amicable pairs, Math. Comp. **28** (1974), 309–312.

[19] *Scriba, Ch.J.*: Zur Entwicklung der additiven Zahlentheorie von Fermat bis Jacobi, Jber. Deutsch. Math.-Verein. **72** (1970), 122–142.

[20] *Tuckerman, B.*: The 24th Mersenne prime, Proc. Nat. Acad. Sci. USA **68** (1971), 2319–2320.

[21] *Wodarch, B.A.*: („Der Wohlmeinende") Anleitung zu einer genauen Zahlen-Erkaentniß, Der hamburgischen Kunst-Rechnungs lieb- und uebenden Societaet Kunst-Fruechte, Sammlung **1** (1723), 46–60. (Im Besitz der Staatsbibliothek Hamburg.)

[22] *Wolfart, J.*: Primzahltests und Primfaktorzerlegung, Frankfurt 1980.

[23] *Becker, O.*: Die Lehre vom Geraden und Ungeraden im Neunten Buch der Euklidischen Elemente, Quellen u. Studien Math., Bd. III (1936), 533–553.

[24] *Gardner, M.*: A short treatise on the useless elegance of perfect numbers and amicable pairs. Scientific American **218** (1968), 121–126.

[25] *Hardy, G.H., und E.M. Wright*: Einführung in die Zahlentheorie, München 1958. (engl., 5th edition: Oxford 1979).

[26] *Hultsch, F.*: Erläuterungen zu dem Berichte des Iamblichos über die vollkommenen Zahlen, Gesell. d. Wiss. Göttingen, phil.-hist. Kl., Jahr 1895, S. 246–255.

[27] *Mignotte, M.*: Tests de primalité, preprint, Seminaire d'Informatique, Centre de Calcul de l'Esplanade, Université, 7 rue René Descartes, 67 Strasbourg.

[28] *Miller, G.*: Riemann's Hypothesis and Tests for primality, Proc. 7th annual ACM Symp. on the theory of computing, (1975), 234–239.

[29] *Shanks, D.*: Solved and unsolved problems in number theory, Spartan books, Washington, D.C. 1962.

[30] *Shanks, D.*: Class number, a theory of factorization, and genera, Proc. of Symp. in Pure Math. XX (1969), 415–440.

[31] *Slowinski, D.*: Searching for the 27th Mersenne Prime; J. Recreat. Math. **11** (1979), 258–261.

[32] *Souissi, M.*: Un texte manuscrit d'Ibn-Al Bannā' Al-Marrakusi (1256–1321) sur les nombres parfaits, abondants, deficients et amiables; published by Hamdard National Foundation, Pakistan, Karachi, 1975.

[33] *Steinschneider, M.*: Zur Pseudepigraphischen Literatur des Mittelalters, Berlin 1862, Nachdruck: Philo Press, Amsterdam 1965.

[34] *Schönhage, A., und V. Strassen*: Computing 7 (1971), 281–292.

[35] *Artjuhov, M.M.*: Über Probleme in der Theorie der befreundeten Zahlen (Russisch), Acta Arithmetica **27** (1974), 281–291.

[36] *Borho, W.*: Some new large primes and amicable numbers, Math. Comp. **36** (1981), 303–304.

[37] *Borho, W.*: Große Primzahlen und befreundete Zahlen: Über den Lucas-Test und Thabit-Regeln, Mitteilungen Math. Ges. Hamburg (erscheint vor. 1981).

[38] *Dobrovol'skii, O.V. – Kahhorov, A., – Hodziev, I.*: Vollkommene und befreundete Zahlen im mittelalterlichen Orient, (Russisch, Zusammenfassung in Tadschikisch) Izv. Akad. Nauk Tadzik. SSR Otdel. Fiz.-Mat. i Geol.-Him. Nauk 1976, no. 3 (61), 24–28.

[39] *Williams, H.C.*: Primality testing on a computer, Ars combinatoria **5** (1978), 127–185.

[40] *Gauss, C.F.*: Disquisitiones Arithmeticae. Deutsch herausgegeben von H. Maser 1889, Nachdruck: Chelsa, New York 1965, Artikel 329.

[41] *Pomerance, C.*: On the distribution of amicable numbers II, erscheint demnächst im J. reine angew. Math. (Teil I erschien im selben J. **293/294** (1977), 217–222.).

Don Zagier

Die ersten
50 Millionen Primzahlen

Ich möchte Ihnen heute von einem Gebiet erzählen, auf dem ich zwar selbst nicht gearbeitet habe, das mich aber immer außerordentlich gefesselt hat, und das wohl die Mathematiker von der frühesten Vorgeschichte bis zur Gegenwart fasziniert hat — nämlich die Frage nach der Verteilung der Primzahlen.

Was eine Primzahl ist, ist Ihnen sicherlich allen bekannt: Sie ist eine von 1 verschiedene natürliche Zahl, die durch keine andere natürliche Zahl außer 1 teilbar ist. Mindestens ist das die Definition des Zahlentheoretikers; manchmal haben andere Mathematiker freilich andere Definitionen. So ist für den Funktionentheoretiker eine Primzahl eine ganzzahlige Nullstelle der analytischen Funktion

$$1 - \frac{\sin \dfrac{\pi\, \Gamma(s)}{s}}{\sin \dfrac{\pi}{s}} \;;$$

für den Algebraiker ist sie

„die Charakteristik eines endlichen Körpers"

oder

„ein Punkt aus Spec $\boldsymbol{Z}$"

oder

„eine nichtarchimedische Bewertung";

für den Kombinatoriker werden die Primzahlen definiert durch die Rekursion [1]*)

---

*) Die Zahlen in eckigen Klammern beziehen sich auf die Anmerkungen am Ende des Beitrages.

$$p_{n+1} = \left[1 - \log_2 \left(\frac{1}{2} + \sum_{r=1}^{n} \sum_{1 \le i_1 < \cdots < i_r \le n} \frac{(-1)^r}{2^{p_{i_1} \cdots p_{i_r}} - 1} \right) \right]$$

$$([x] = \text{ganzzahliger Teil von } x);$$

und schließlich definiert sie neuerdings der Logiker als die positiven Werte des Polynoms [2]

$F(a, b, c, d, e, f, g, h, i, j, k, l, m, n, o, p, q, r, s, t, u, v, w, x, y, z)$
$= \{k + 2\} \, \{1 - (w z + h + j - q)^2 - (2 n + p + q + z - e)^2$
$\quad - (a^2 y^2 - y^2 + 1 - x^2)^2 - (\{e^4 + 2 e^3\} \, \{a + 1\}^2 - o^2)^2$
$\quad - (16 \{k + 1\}^3 \, \{k + 2\} \, \{n + 1\}^2 + 1 - f^2)^2$
$\quad - (\{[(a + u^4 - u^2 a)^2 - 1] \, \{n + 4 d y\}^2 + 1 - \{x + c u\}^2)^2$
$\quad - (a i + k + 1 - l - i)^2$
$\quad - (\{g k + 2 g + k + 1\} \, \{h + j\} + h - z)^2$
$\quad - (16 r^2 y^4 \, \{a^2 - 1\} + 1 - u^2)^2$
$\quad - (p - m + l \, \{a - n - 1\} + b \, \{2 a n + 2 a - n^2 - 2 n - 2\})^2$
$\quad - (z - p m + p l a - p^2 l + t \, \{2 a p - p^2 - 1\})^2$
$\quad - (q - x + y \, \{a - p - 1\} + s \, \{2 a p + 2 a - p^2 - 2 p - 2\})^2$
$\quad - (a^2 l^2 - l^2 + 1 - m^2)^2 - (n + l + v - y)^2\}.$

Ich hoffe aber, Sie sind mit der ersten Definition, die ich gegeben habe, zufrieden.

Es gibt zwei Tatsachen über die Verteilung der Primzahlen, von denen ich hoffe, Sie dermaßen zu überzeugen, daß sie für immer in Ihrem Herzen eingraviert sind. Die eine ist, daß die Primzahlen, trotz ihrer einfachen Definition und Rolle als Bausteine der natürlichen Zahlen, zu den willkürlichsten, widerspenstigsten Objekten gehören, die der Mathematiker überhaupt studiert. Sie wachsen wie Unkraut unter den natürlichen Zahlen, scheinbar keinem anderen Gesetz als dem Zufall unterworfen, und kein Mensch kann voraussagen, wo wieder eine sprießen wird, noch einer Zahl ansehen, ob sie prim ist oder nicht. Die andere Tatsache ist viel verblüffender, denn sie besagt just das Gegenteil — daß die Primzahlen die ungeheuerste Regelmäßigkeit aufzeigen, daß sie durchaus Gesetzen unterworfen sind und diesen mit fast peinlicher Genauigkeit gehorchen.

Um die ersten dieser beiden Behauptungen zu veranschaulichen, zeige ich Ihnen zunächst eine Liste von den primen und den zusammengesetzten Zahlen bis 100, wobei ich neben 2 nur die ungeraden aufgeführt habe

prim		nicht prim	
2	43	9	63
3	47	15	65
5	53	21	69
7	59	25	75
11	61	27	77
13	67	33	81
17	71	35	85
19	73	39	87
23	79	45	91
29	83	49	93
31	89	51	95
37	97	55	99
41		57	

oder wiederum eine Liste von den Primzahlen aus den hundert Zahlen, die 10 000 000 vorangehen bzw. folgen:

Die Primzahlen zwischen 9 999 900 und 10 000 000	Die Primzahlen zwischen 10 000 000 und 10 000 100
9 999 901	10 000 019
9 999 907	10 000 079
9 999 929	
9 999 931	
9 999 937	
9 999 943	
9 999 971	
9 999 973	
9 999 991	

Ich glaube, Sie werden zustimmen, daß kein sichtbarer Grund vorhanden ist, warum eine Zahl prim ausfällt und die andere nicht. Vielmehr hat man beim Anblick dieser Zahlen das Gefühl, vor einem der unergründlichen Geheimnisse der Schöpfung zu stehen. Daß auch die Mathematiker dieses Geheimnis nicht durchdrungen haben, wird vielleicht am deutlichsten durch den Eifer bezeugt, mit dem sie nach immer größeren Primzahlen suchen. Bei Zahlen, die gesetzmäßig anwachsen, wie etwa den Quadraten oder den Zweierpotenzen, wäre es natürlich witzlos, ein größeres Exemplar als die vorher bekannten hinzuschreiben. Bei Primzahlen dagegen gibt man sich große Mühe, genau das zu tun. Im Jahre 1876 zum Beispiel hat Lucas bewiesen, daß die Zahl $2^{127} - 1$ prim ist, und 75 Jahre blieb sie unübertroffen — was vielleicht nicht überraschend ist, wenn man die Zahl sieht:

$$2^{127} - 1 = 170141183460469231731687303715884105727.$$

Erst 1951, mit dem Erscheinen der elektronischen Rechenanlagen, fand man größere Primzahlen. Die Daten über die nacheinanderfolgenden Titelinhaber können Sie in der nachfolgenden Tabelle sehen [3]. Augenblicklich ist die 6002ziffrige Zahl $2^{19937} - 1$, die ich nicht hinschreiben möchte, der Glückspilz, der sich dieses Ruhms brüsten kann. Wer mir nicht glaubt, kann im Guinness-Buch der Weltrekorde nachgucken.

Die größte bekannte Primzahl

p	Anzahl der Ziffern	Entdeckt im Jahr	Von wem
$2^{127} - 1$	39	1876	Lucas
$(2^{148} + 1)/17$	44	1951	Ferrier
$114\,(2^{127} - 1) + 1$	41	1951	Miller+Wheeler+EDSAC 1
$180\,(2^{127} - 1)^2 + 1$	79		
$2^{521} - 1$	157		
$2^{607} - 1$	183		
$2^{1279} - 1$	386	1952	Lehmer+Robinson+SWAC
$2^{2203} - 1$	664		
$2^{2281} - 1$	687		
$2^{3217} - 1$	969	1957	Riesel+BESK
$2^{4253} - 1$	1281		
$2^{4423} - 1$	1332	1961	Hurwitz+Selfridge+IBM 7090
$2^{9689} - 1$	2917		
$2^{9941} - 1$	2993	1963	Gillies+ILIAC 2
$2^{11213} - 1$	3376		
$2^{19937} - 1$	6002	1971	Tuckerman+IBM 360

Viel interessanter ist aber die Frage nach den Gesetzen, die die Primzahlen beherrschen. Ich habe Ihnen vorhin eine Liste der Primzahlen bis 100 gezeigt. Hier ist dieselbe Information in graphischer Darstellung:

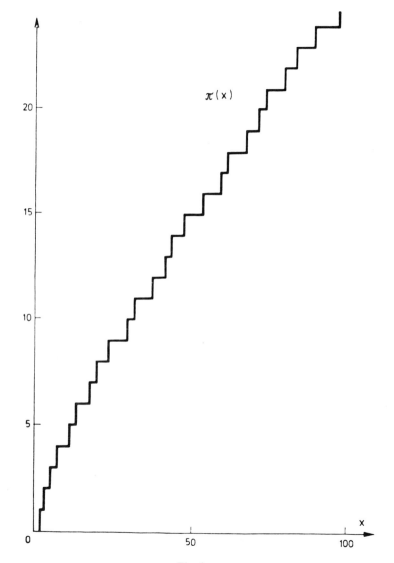

$\pi(x)$

Fig. 1

Die mit $\pi(x)$ bezeichnete Funktion, von der ab jetzt dauernd die Rede sein wird, ist die Anzahl der Primzahlen kleiner gleich x; sie fängt also bei Null an und springt bei jeder Primzahl $x = 2, 3, 5$ usw. um eins hoch. Schon in diesem Bild sieht man, daß das Anwachsen von $\pi(x)$ trotz kleiner lokaler Schwankungen im Großen ziemlich regelmäßig ist. Wenn ich aber den Bereich der x-Werte von 100 auf 50 000 ausdehne, wird diese Regelmäßigkeit auf atemberaubende Weise deutlich, denn der Graph sieht so aus:

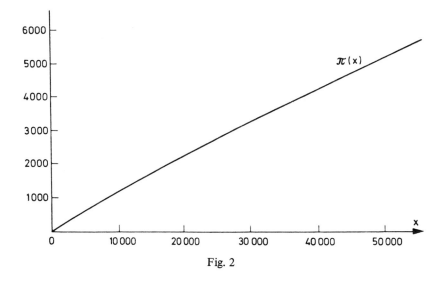

Fig. 2

Für mich gehört die Glätte, mit der diese Kurve steigt, zu den verblüffendsten Tatsachen der Mathematik.

Nun, wo es Gesetze gibt, gibt es auch Wissenschaftler, die dahinterzukommen versuchen, und das hier ist keine Ausnahme. Es ist auch nicht schwer, eine empirische Regel zu finden, die das Wachstum der Primzahlen gut beschreibt. Bis 100 gibt es 25 Primzahlen, also ein Viertel der Zahlen; bis 1000 gibt es 168, also ungefähr ein Sechstel; bis 10 000 sind 1229 Primzahlen, also ungefähr ein Achtel.

Wenn wir diese Liste fortsetzen und für hunderttausend, eine Million usw. jeweils das Verhältnis von Primzahlen zu natürlichen Zahlen ausrechnen, so finden wir diese Zahlen:

x	$\pi(x)$	$x/\pi(x)$
10	4	2,5
100	25	4,0
1 000	168	6,0
10 000	1 229	8,1
100 000	9 592	10,4
1 000 000	78 498	12,7
10 000 000	664 579	15,0
100 000 000	5 761 455	17,4
1 000 000 000	50 847 534	19,7
10 000 000 000	455 052 512	22,0

(In dieser Tabelle stellen die Werte von $\pi(x)$, die so unachtsam hingeschrieben sind, Tausende von Stunden mühseligen Rechnens dar.) Wir sehen, daß das Verhältnis von x zu $\pi(x)$ immer um ungefähr 2,3 hochgeht, wenn wir von einer Zehnerpotenz zur nächsten übergehen. Mathematiker erkennen diese Zahl 2,3 sofort als den Logarithmus von 10 (zu der Basis e natürlich). So kommt man auf die Vermutung, daß

$$\pi(x) \sim \frac{x}{\log x},$$

wobei das Zeichen $\sim$ bedeutet, daß das Verhältnis $\pi(x): x/\log x$ mit wachsendem x nach 1 strebt. Diese Beziehung, die erst 1896 bewiesen wurde, nennen wir heute den *Primzahlsatz*; Gauß, der größte aller Mathematiker, hat sie schon als Fünfzehnjähriger gefunden, indem er Primzahltabellen, die in einer ihm im Jahr zuvor geschenkten Logarithmentafel enthalten waren, studierte. Während seines ganzen Lebens hat sich Gauß lebhaft für die Verteilung der Primzah-

len interessiert und ausgedehnte Rechnungen durchgeführt. In einem
Brief an Enke [4] beschreibt er, wie er „sehr oft einzelne unbeschäf-
tigte Viertelstunden verwandt" habe, „um bald hie bald dort eine
Chiliade [das heißt ein Intervall von 1000 Zahlen] abzuzählen", bis
er schließlich die Primzahlen bis 3 Millionen (!) aufgezählt und mit
den Formeln verglichen hatte, die er für ihre Verteilung vermutete.

Der Primzahlsatz besagt, daß $\pi(x)$ asymptotisch, das heißt mit
einem Relativfehler von 0%, gleich $x/\log x$ ist. Wenn wir aber den
Graph der Funktion $x/\log x$ mit $\pi(x)$ vergleichen, so sehen wir, daß
die Funktion $x/\log x$ zwar das Verhalten von $\pi(x)$ qualitativ widerspiegelt, jedoch nicht mit einer solchen Genauigkeit mit dieser übereinstimmt, als daß die Glätte der Funktion $\pi(x)$ dadurch erklärt
wäre:

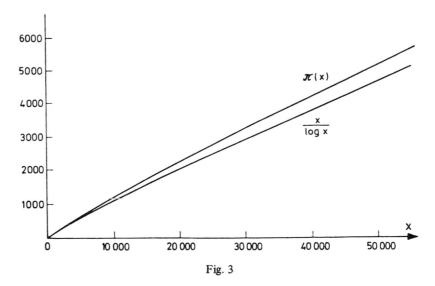

Fig. 3

Es liegt also nahe, nach besseren Approximationen zu fragen. Wenn
wir die obige Tabelle von den Verhältnissen von x zu $\pi(x)$ wieder an-
gucken, so sehen wir, daß dieses Verhältnis ziemlich genau gleich

$\log x - 1$ ist. Durch sorgfältigeres Rechnen mit vollständigeren Daten über $\pi(x)$ hat Legendre [5] 1808 gefunden, daß man eine besonders gute Approximation erhält, wenn man anstatt 1 die Zahl 1,08366 von $\log x$ abzieht, also

$$\pi(x) \sim \frac{x}{\log x - 1{,}08366} \cdot$$

Eine andere sehr gute Approximation zu $\pi(x)$, die erstmalig von Gauß angegeben wurde, erhält man, indem man die empirische Tatsache als Ausgangspunkt nimmt, daß die Frequenz der Primzahlen um eine sehr große Zahl x fast genau gleich $1/\log x$ ist. Danach wäre die Anzahl der Primzahlen bis x ungefähr durch die *logarithmische Summe*

$$\text{Ls}(x) = \frac{1}{\log 2} + \frac{1}{\log 3} + \cdots + \frac{1}{\log x}$$

gegeben, oder, was fast dasselbe ist [6], durch das *logarithmische Integral*

$$\text{Li}(x) = \int_{2}^{x} \frac{1}{\log t}\, dt.$$

Wenn wir den Graph von $\text{Li}(x)$ mit dem von $\pi(x)$ vergleichen, so sehen wir, daß die beiden innerhalb der Toleranz des Bildes genau übereinstimmen:

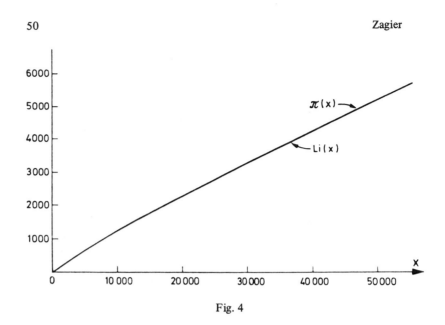

Fig. 4

Das Bild der Legendreschen Approximation brauche ich Ihnen dann nicht zu zeigen, denn sie stellt in diesem Bereich sogar eine noch bessere Annäherung zu $\pi(x)$ dar.

Es gibt noch eine Approximation, die ich erwähnen möchte. Die Untersuchungen von Riemann über Primzahlen suggerieren, daß die Wahrscheinlichkeit für eine große Zahl x, prim zu sein, noch genauer durch $1/\log x$ gegeben sein würde, wenn man nicht nur die Primzahlen, sondern auch noch die Primzahl*potenzen* mitzählte, wobei das Quadrat einer Primzahl als eine halbe Primzahl gezählt wird, die dritte Potenz einer Primzahl als eine Drittel-Primzahl usw. Dies führt zu der Approximation

$$\pi(x) + \frac{1}{2}\pi(\sqrt{x}) + \frac{1}{3}\pi(\sqrt[3]{x}) + \cdots \cong \mathrm{Li}(x)$$

oder, wenn wir das umkehren, zu

$$\pi(x) \cong \text{Li}(x) - \frac{1}{2}\text{Li}(\sqrt{x}) - \frac{1}{3}\text{Li}(\sqrt[3]{x}) - \cdots \quad [7].$$

Wir bezeichnen die Funktion, die auf der rechten Seite dieser Formel steht, zu Ehren von Riemann mit $R(x)$. Sie stellt eine erstaunlich gute Approximation zu $\pi(x)$ dar, wie man aus den folgenden Werten sieht:

x	$\pi(x)$	$R(x)$
100 000 000	5 761 455	5 761 552
200 000 000	11 078 937	11 079 090
300 000 000	16 252 325	16 252 355
400 000 000	21 336 326	21 336 185
500 000 000	26 355 867	26 355 517
600 000 000	31 324 703	31 324 622
700 000 000	36 252 931	36 252 719
800 000 000	41 146 179	41 146 248
900 000 000	46 009 215	46 009 949
1 000 000 000	50 847 534	50 847 455

Für den Leser, der etwas Funktionentheorie kennt, darf ich vielleicht kurz erwähnen, daß $R(x)$ eine ganze Funktion von $\log x$ ist, gegeben durch die schnell konvergente Potenzreihe

$$R(x) = 1 + \sum_{n=1}^{\infty} \frac{1}{n\,\zeta(n+1)} \frac{(\log x)^n}{n!},$$

wobei $\zeta(n+1)$ die Riemannsche Zetafunktion bezeichnet [8].

Allerdings sei hier betont, daß die von Gauß und Legendre gegebenen Approximationen zu $\pi(x)$ nur empirische Feststellungen waren, und daß sogar Riemann, der doch durch theoretische Überle-

gungen zu seiner Funktion $R(x)$ geführt wurde, den Primzahlsatz nie
bewiesen hat. Das haben erst 1896 Hadamard und (unabhängig) de
la Vallée Poussin, auf Riemanns Untersuchungen aufbauend, getan.

Zu dem Thema der Voraussagbarkeit der Primzahlen möchte ich
noch einige numerische Beispiele bringen. Wie schon gesagt, ist die
Wahrscheinlichkeit, daß eine Zahl von der Größenordnung x prim ist,
ungefähr gleich $1/\log x$; das heißt, die Anzahl der Primzahlen in einem
Intervall der Länge a um x soll ungefähr $a/\log x$ sein, mindestens
dann, wenn das Intervall lang genug ist, um Statistik sinnvoll machen
zu können, aber klein im Vergleich mit x. Zum Beispiel erwarten
wir in dem Intervall zwischen 100 Millionen und 100 Millionen plus
150 000 ungefähr 8142 Primzahlen, da

$$\frac{150\,000}{\log(100\,000\,000)} = \frac{150\,000}{18,427\ldots} \approx 8142$$

ist. Entsprechend ist die Wahrscheinlichkeit, daß zwei vorgegebene
Zahlen in der Nähe von x beide prim sind, ungefähr $1/(\log x)^2$. Wenn
man also fragt, wieviel Primzahlzwillinge (also wieviel Paare wie
11, 13 oder 59, 61 von Primzahlen, die sich um genau 2 unterscheiden) es in dem Intervall von x bis $x + a$ gibt, so erwartet man ungefähr $a/(\log x)^2$. In der Tat erwartet man ein bißchen mehr, da die
Tatsache, daß n schon prim ist, die Chancen von $n + 2$, auch prim zu
sein, etwas ändert — zum Beispiel ist $n + 2$ dann sicherlich ungerade.
Ein leichtes heuristisches Argument [9] gibt $Ca/(\log x)^2$ als die erwartete Anzahl der Primzahlzwillinge im Intervall $[x, x + a]$ an, wo
C eine Konstante mit dem Wert ungefähr 1,3 ist (genauer:
$C = 1,320\,323\,631\,6\ldots$). So sollten sich zwischen 100 Millionen
und 100 Millionen 150 Tausend ungefähr $1,32\ldots \times 150\,000/$
$(18,427\ldots)^2 \approx 584$ Primzahlzwillinge befinden. Ich habe hier
die von den Herren Jones, Lal und Blundon [10] berechneten Daten
für die wirklichen Anzahlen von Primzahlen und Zwillingen in diesem
Intervall sowie in einigen gleich langen Intervallen um größere Zehner-
potenzen angegeben:

Intervall	Primzahlen erwartet	Primzahlen gefunden	Primzahlenzwillinge erwartet	Primzahlenzwillinge gefunden
100 000 000– 100 150 000	8142	8154	584	601
1 000 000 000– 1 000 150 000	7238	7242	461	466
10 000 000 000– 10 000 150 000	6514	6511	374	389
100 000 000 000– 100 000 150 000	5922	5974	309	276
1 000 000 000 000– 1 000 000 150 000	5429	5433	259	276
10 000 000 000 000– 10 000 000 150 000	5011	5065	211	208
100 000 000 000 000– 100 000 000 150 000	4653	4643	191	186
1 000 000 000 000 000– 1 000 000 000 150 000	4343	4251	166	161

Wie Sie sehen, ist die Übereinstimmung mit der Theorie sehr gut. Das ist besonders erstaunlich im Falle der Zwillinge, da man da nicht einmal beweisen kann, daß es überhaupt unendlich viele Primzahlzwillinge gibt, geschweige denn, daß sie nach dem erwarteten Gesetz verteilt sind.

Zu dem Thema der Voraussagbarkeit der Primzahlen gebe ich ein letztes Beispiel, das Problem der *Lücken* zwischen den Primzahlen. Wenn man Primzahltabellen anguckt, so findet man manchmal besonders große Intervalle, wie das zwischen 113 und 127, die gar keine Primzahlen enthalten. Sei $g(x)$ die Länge des größten primzahlfreien Intervalls bis x (g soll an das englische Wort „gap" erinnern); zum Beispiel ist das längste solche Intervall bis 200 das eben erwähnte Intervall von 113 bis 127, also $g(200) = 14$. Die Zahl $g(x)$ wächst natürlich sehr unregelmäßig, aber ein heuristisches Argument deutet auf die asymptotische Formel

$$g(x) \sim (\log x)^2$$

hin [11]. Wie gut sogar die sehr stark schwankende Funktion $g(x)$
sich an das erwartete Benehmen hält, sehen Sie im folgenden Bild:

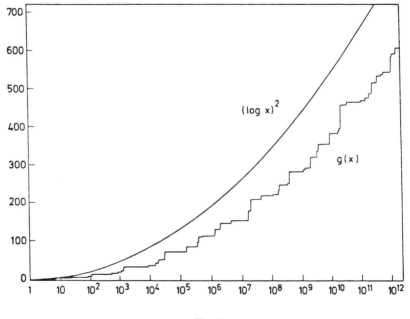

Fig. 5

Bisher habe ich meine Behauptung über die Ordnung, die bei den
Primzahlen herrscht, viel eingehender belegt als meine Behauptung
über ihre Willkür. Auch habe ich noch nicht das Versprechen meines
Titels, Ihnen die ersten 50 Millionen Primzahlen zu zeigen, erfüllt,
sondern Sie haben bisher nur Daten über einige Tausend Primzahlen

gesehen. Hier ist also ein Graph von $\pi(x)$ im Vergleich mit den Approximationen von Legendre, Gauß und Riemann bis 10 Millionen [12]; da diese vier Funktionen so dicht aneinander sind, daß man ihre Graphen nicht unterscheiden könnte — wie ich Ihnen schon in dem Bild bis 50 000 gezeigt habe —, habe ich hier nur die Differenzen gezeichnet:

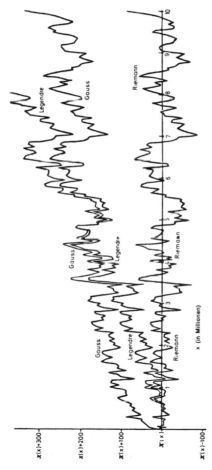

Fig. 6

Ich glaube, erst dieses Bild zeigt, worauf derjenige sich eingelassen hat, der sich entscheidet, die Primzahlen zu studieren.

Wie Sie sehen, ist die Legendresche Approximation $x/(\log x - 1,08366)$ für kleine x (bis zirka 1 Million) wesentlich besser als die Gaußsche Li(x), ab 5 Millionen ist aber Li(x) besser, und man kann zeigen, daß das bei wachsendem x immer mehr der Fall ist.

Bis 10 Millionen gibt es allerdings nur etwa 600 000 Primzahlen; um Ihnen die vollen 50 Millionen vorzustellen, muß ich nicht bis 10 Millionen, sondern bis 1 Milliarde gehen. Der Graph von $R(x) - \pi(x)$ in diesem Bereich sieht so aus [13]:

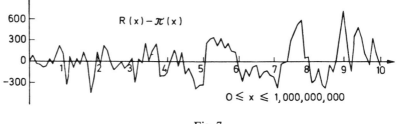

Fig. 7

Die Schwankungen der Funktion $\pi(x)$ werden immer größer, aber sogar bei diesen fast unvorstellbar großen Werten von x übertreffen sie nie ein paar Hundert.

Im Zusammenhang mit diesen Daten kann ich noch eine Tatsache über die Primzahlanzahl $\pi(x)$ erwähnen. Auf dem Bild bis 10 Millionen war die Gaußsche Approximation Li(x) immer *größer* als $\pi(x)$. Das bleibt der Fall bis 1 Milliarde, wie Sie auf dem folgenden Bild (in dem dieselbe Daten wie vorher logarithmisch geplottet sind) sehen können:

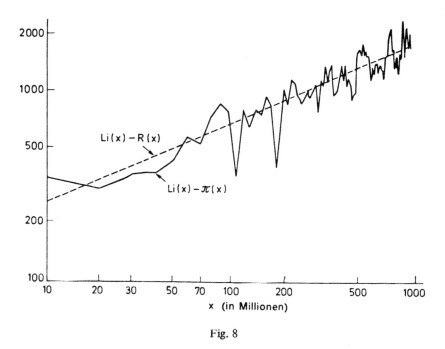

Fig. 8

Sicherlich gibt uns dieser Graph den Eindruck, daß die Differenz
Li(x) − π(x) mit wachsendem x unbeirrt nach Unendlich strebt, das
heißt, daß das logarithmische Integral Li(x) grundsätzlich die Anzahl
der Primzahlen bis x überschätzt (was mit der Feststellung, daß R(x)
eine bessere Approximation als Li(x) liefert, übereinstimmen würde,
da R(x) immer kleiner als Li(x) ist). Dies ist aber nicht der Fall: Man
kann nämlich beweisen, daß es Punkte gibt, wo die Schwankungen
von π(x) so groß sind, daß π(x) Li(x) übertrifft. Solche Zahlen hat
man bisher nicht gefunden und wird man vielleicht nie finden, aber
Littlewood hat gezeigt, daß sie existieren, und Skewes [14] sogar,
daß es eine gibt, die kleiner als $10^{10^{10^{34}}}$ ist. (Von dieser Zahl sagte
Hardy, sie sei wohl die größte, die je in der Mathematik irgendwel-

chem besonderen Zweck gedient hat.) Jedenfalls zeigt dieses Beispiel,
wie unklug es ist, aus numerischen Daten Schlüsse über die Primzahlen zu ziehen.

Ich möchte im letzten Teil meines Vortrags einige der theoretischen Ergebnisse über $\pi(x)$ erzählen, damit Sie nicht mit dem Gefühl
weggehen, ausschließlich experimentelle Mathematik gesehen zu haben. Ein Uneingeweihter würde sicherlich meinen, daß die Eigenschaft, prim zu sein, viel zu zufallsbedingt ist, um irgendetwas darüber beweisen zu können. Diese Ansicht wurde schon vor 2200 Jahren von Euklid widerlegt, indem er die Existenz von unendlich vielen
Primzahlen zeigte. Sein Argument läßt sich in einem Satz formulieren: Gäbe es nur endlich viele Primzahlen, so könnte man sie zusam-
menmultiplizieren und 1 addieren, um eine Zahl zu erhalten, die
durch gar keine Primzahl teilbar ist, und das ist unmöglich. Im 18.
Jahrhundert hat Euler mehr bewiesen, nämlich, daß die Summe der
Reziproken der Primzahlen divergent ist, also jede vorgegebene Zahl
übertrifft. Sein ebenfalls sehr einfacher Beweis benutzt die Funktion

$$\zeta(s) = 1 + \frac{1}{2^s} + \frac{1}{3^s} + \cdots,$$

deren Bedeutung für das Studium von $\pi(x)$ aber erst später durch die
Arbeit von Riemann voll zur Geltung kommen sollte. In diesem Zusammenhang sei auch bemerkt, daß die Summe der Reziproken aller
Primzahlen zwar unendlich ist, die Summe der Reziproken aller bekannten (also etwa der ersten 50 Millionen) aber kleiner als vier [15].

Erst 1850 konnte Tschebyscheff den ersten Ansatz zum Beweis
des Primzahlsatzes machen [16]. Er zeigte, daß für hinreichend große x

$$0{,}89 \, \frac{x}{\log x} < \pi(x) < 1{,}11 \, \frac{x}{\log x}$$

gilt, also daß der Primzahlsatz richtig ist mit einem relativen Fehler
von höchstens 11 %. Sein Beweis benutzt Binomialkoeffizienten und

ist so schön, daß ich der Versuchung nicht widerstehen kann, eine vereinfachte Version davon anzudeuten (allerdings mit schlechteren Konstanten).

In der einen Richtung werden wir

$$\pi(x) < 1,7 \, \frac{x}{\log x}$$

zeigen. Diese Ungleichung stimmt für $x < 1200$. Ich nehme induktiv an, sie sei für $x < n$ bewiesen und betrachte den mittleren Binomialkoeffizienten $\binom{2n}{n}$. Wegen

$$2^{2n} = (1 + 1)^{2n} = \binom{2n}{0} + \binom{2n}{1} + \cdots + \binom{2n}{n} + \cdots + \binom{2n}{2n}$$

ist er sicherlich kleiner als 2^{2n}. Andererseits ist

$$\binom{2n}{n} = \frac{(2n)!}{(n!)^2} = \frac{(2n) \times (2n - 1) \times \cdots \times 2 \times 1}{(n \times (n - 1) \times \cdots \times 2 \times 1)^2} \; .$$

Hier kommt jede Primzahl p, die kleiner als $2\,n$ ist, im Zähler vor, aber für p größer als n erscheint p sicherlich nicht im Nenner. Deswegen ist $\binom{2n}{n}$ durch jede Primzahl teilbar, die zwischen n und $2\,n$ liegt:

$$\prod_{n < p \leqslant 2n} p \; \bigg| \; \binom{2n}{n} .$$

Aber in dem Produkt sind $\pi(2n) - \pi(n)$ Faktoren, alle größer als n, also gilt

$$n^{\pi(2n)-\pi(n)} \leqslant \prod_{n<p\leqslant 2n} p \leqslant \binom{2n}{n} < 2^{2n}.$$

Wenn ich Logarithmen nehme, finde ich

$$\pi(2n) - \pi(n) < \frac{2n \log 2}{\log n} < 1{,}39 \frac{n}{\log n}.$$

Induktiv ist aber der Satz für n richtig, also

$$\pi(n) < 1{,}7 \frac{n}{\log n};$$

durch Addition dieser Beziehungen ergibt sich

$$\pi(2n) < 3{,}09 \frac{n}{\log n} < 1{,}7 \frac{2n}{\log(2n)} \quad (n > 1200),$$

also gilt der Satz auch für $2n$. Wegen

$$\pi(2n+1) \leqslant \pi(2n) + 1 < 3{,}09 \frac{n}{\log n} + 1 < 1{,}7 \frac{2n+1,}{\log(2n+1)}$$
$$(n > 1200)$$

gilt er auch für $2n+1$, und der Induktionsschritt ist fertig.

Für die Abschätzung in der anderen Richtung braucht man ein einfaches Lemma, das man mit Hilfe der wohlbekannten Formel für die Potenz von p, die in $n!$ aufgeht, leicht beweisen kann [17]:

LEMMA: *Sei p eine Primzahl. Ist p^{ν_p} die größte Potenz von p, die in $\binom{n}{k}$ aufgeht, so ist*

$$p^{\nu_p} \leqslant n.$$

KOROLLAR: *Für jeden Binomialkoeffizient* $\binom{n}{k}$ *gilt*

$$\binom{n}{k} = \prod_{p \leqslant n} p^{\nu_p} \leqslant n^{\pi(n)}.$$

Wenn ich die Aussage des Korollars für alle Binomialkoeffizienten mit gegebenem n hinschreibe und diese Ungleichungen aufaddiere, so finde ich

$$2^n = (1+1)^n = \sum_{k=0}^{n} \binom{n}{k} \leqslant (n+1) \cdot n^{\pi(n)},$$

und der Logarithmus hiervon liefert

$$\pi(n) \geqslant \frac{n \log 2}{\log n} - \frac{\log(n+1)}{\log n}$$

$$> \frac{2}{3} \frac{n}{\log n} \quad (n > 200).$$

Zum Schluß möchte ich ein paar Worte über Riemanns Arbeit sagen. Riemann hat zwar nicht den Primzahlsatz bewiesen, dafür aber etwas viel Verblüffenderes gemacht, nämlich eine *genaue* Formel für $\pi(x)$ gegeben. Diese Formel hat die Gestalt

$$\pi(x) + \frac{1}{2}\pi(\sqrt{x}) + \frac{1}{3}(\pi\sqrt[3]{x}) + \cdots = \mathrm{Li}(x) - \sum_{\rho} \mathrm{Li}(x^{\rho}),$$

wobei die Summe über die Wurzeln der Zetafunktion $\zeta(s)$ läuft [18]. Diese sind (mit Ausnahme der sogenannten „trivialen Wurzeln" $\rho = -2, -4, -6, \ldots$, die einen vernachlässigbaren Beitrag liefern) komplexe Zahlen mit Realteil zwischen 0 und 1, wovon die ersten 10 die folgenden Werte haben [19]:

$$\rho_1 = \frac{1}{2} + 14{,}134\,725\,i, \quad \bar{\rho}_1 = \frac{1}{2} - 14{,}134\,725\,i,$$

$$\rho_2 = \frac{1}{2} + 21{,}022040\,i, \quad \bar{\rho}_2 = \frac{1}{2} - 21{,}022040\,i,$$

$$\rho_3 = \frac{1}{2} + 25{,}010856\,i, \quad \bar{\rho}_3 = \frac{1}{2} - 25{,}010856\,i,$$

$$\rho_4 = \frac{1}{2} + 30{,}424878\,i, \quad \bar{\rho}_4 = \frac{1}{2} - 30{,}424878\,i,$$

$$\rho_5 = \frac{1}{2} + 32{,}935057\,i, \quad \bar{\rho}_5 = \frac{1}{2} - 32{,}935057\,i.$$

Daß mit einer Wurzel immer auch die komplex Konjugierte auftritt, ist leicht zu zeigen. Daß aber jeweils der reelle Teil der Wurzel genau gleich 1/2 ist, ist noch unbewiesen; dies ist die berühmte Riemannsche Vermutung, die für die Primzahltheorie äußerst wichtige Folgen hätte [20]. Man hat sie für 7 Millionen Wurzeln verifiziert.

Die Riemannsche Formel kann mit Hilfe der oben eingeführten Riemannschen Funktion $R(x)$ in der Gestalt

$$\pi(x) = R(x) - \sum_{\rho}' R(x^{\rho})$$

geschrieben werden; sie liefert also als k-te Approximation zu $\pi(x)$ die Funktion

$$R_k(x) = R(x) + T_1(x) + T_2(x) + \cdots + T_k(x),$$

wobei $T_n(x) = -R(x^{\rho_n}) - R(x^{\bar{\rho}_n})$ der Beitrag des n-ten Wurzelpaares der Zetafunktion ist. Für jedes n ist $T_n(x)$ eine glatte, oszillierende Funktion von x; für die ersten Werte von n sieht sie so aus [21]:

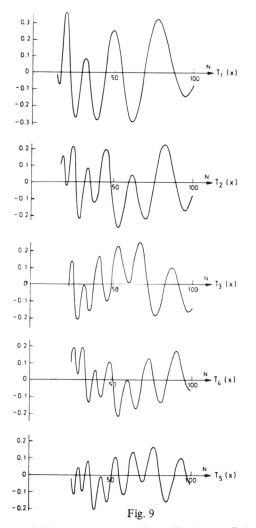

Fig. 9

Somit ist auch $R_k(x)$ für jedes k eine glatte Funktion. Bei wachsendem k nähern sich diese Funktionen $\pi(x)$. Hier sind zum Beispiel die Graphen der 10. und der 29. Approximation:

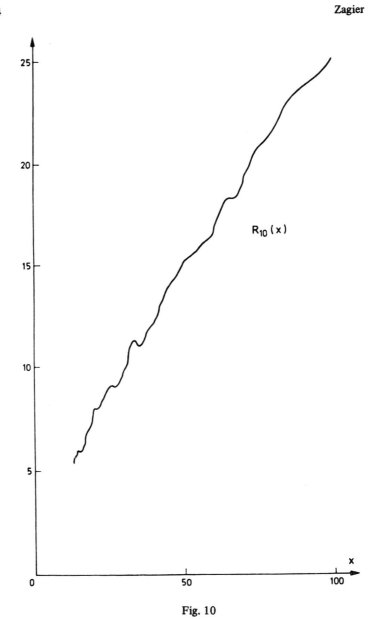

Fig. 10

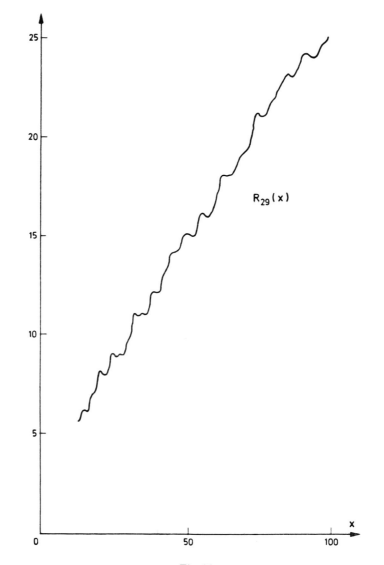

Fig. 11

– und wenn man diese Kurven mit dem Graph von $\pi(x)$ bis 100
(S. 4) vergleicht, ergibt sich dieses Bild:

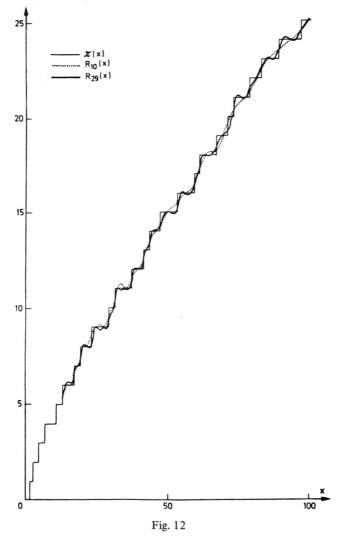

Fig. 12

Ich hoffe, daß ich Ihnen mit diesem und den anderen Bildern einen gewissen Eindruck vermittelt habe von der großen Schönheit der Primzahlen und von den endlosen Überraschungen, die sie für uns bereithalten.

Anmerkungen

[1] *Gandhi, J.M.*: Formulae for the n-th prime, Proc. Washington State Univ. Conf. on Number Theory, Washington State Univ., Pullman, Wash., 1971, 96–106.

[2] *Jones, J.P.*: Diophantine representation of the set of prime numbers, Notices of the AMS 22 (1975), A-326.

[3] Es gibt einen guten Grund dafür, daß so viele Zahlen auf dieser Liste von der Gestalt $M_k = 2^k - 1$ sind: Ein auf Lucas zurückgehender Satz besagt, daß M_k ($k \geq 2$) genau dann prim ist, wenn M_k in L_{k-1} aufgeht, wo die Zahlen L_n induktiv durch $L_1 = 4$, $L_{n+1} = L_n^2 - 2$ (also $L_2 = 14$, $L_3 = 194$, $L_4 = 37634, \ldots$) definiert werden, und damit kann man die Primalität von M_k sehr viel schneller testen als dies für eine andere Zahl derselben Größenordnung möglich wäre.
Die Primzahlen der Gestalt $2^k - 1$ (k muß dann notwendigerweise selber prim sein) heißen Mersenesche Primzahlen (nach dem französischen Mathematiker Mersenne, der im Jahre 1644 eine größtenteils richtige Liste aller solchen Primzahlen $< 10^{79}$ angegeben hat) und spielen im Zusammenhang mit einem ganz anderen Problem der Zahlentheorie eine Rolle. Euklid hat entdeckt, daß die Zahlen 2^{p-1} ($2^p - 1$), wenn $2^p - 1$ prim ist, „vollkommen", das heißt gleich der Summe ihrer echten Teiler sind (z.B. $6 = 1 + 2 + 3$, $28 = 1 + 2 + 4 + 7 + 14$, $496 = 1 + 2 + 4 + 8 + 16 + 31 + 62 + 124 + 248$), und Euler zeigte, daß *alle* geraden vollkommenen Zahlen diese Gestalt haben. Es ist unbekannt, ob es auch ungerade vollkommene Zahlen gibt; sie müßten jedenfalls $> 10^{100}$ sein. Es gibt genau 24 Werte von $p < 20\,000$, für die $2^p - 1$ prim ist.

[4] *Gauß, C.F.*: Werke, II (1872), 444–447. Für eine Diskussion der Geschichte der verschiedenen Approximationen zu $\pi(x)$, wo auch dieser Brief (in englischer Übersetzung) abgedruckt wird, siehe L.J. Goldstein, A history of the prime number theorem, Amer. Math. Monthly 80 (1973), 599–615.

[5] *Legendre, A.M.*: Essai sur la théorie des Nombres, 2. Auflage, Paris, 1808, S. 394.

[6] Genauer gesagt, gilt

$$\mathrm{Ls}(x) - 1{,}5 < \mathrm{Li}(x) < \mathrm{Ls}(x),$$

das heißt, die Differenz zwischen Li(x) und Ls(x) ist beschränkt. Wir erwähnen auch, daß das logarithmische Integral häufig als der Cauchysche Hauptwert

$$\mathrm{Li}(x) = \mathrm{H.W.} \int_0^x \frac{dt}{\log t} = \lim_{\epsilon \to 0} \left(\int_0^{1-\epsilon} \frac{dt}{\log t} + \int_{1+\epsilon}^x \frac{dt}{\log t} \right)$$

definiert wird; diese Definition unterscheidet sich aber von der im Text angegebenen auch nur um eine Konstante.

[7] Das Bildungsgesetz der Koeffizienten ist wie folgt: der Koeffizient von Li$(^n\sqrt{x})$ ist gleich $+ 1/n$, falls n das Produkt einer geraden Anzahl verschiedener Primzahlen ist, gleich $- 1/n$, falls n das Produkt einer ungeraden Anzahl verschiedener Primzahlen ist, und gleich 0, falls n mehrfache Primfaktoren enthält.

[8] Andere Darstellungen dieser Funktion sind

$$R(x) = \int_0^\infty \frac{(\log x)^t \, dt}{t \, \Gamma(t+1) \, \zeta(t+1)}$$

($\zeta(s)$ = Riemannsche Zetafunktion, $\Gamma(s)$ = Gammafunktion) und

$$R(e^{2\pi x}) \doteq \frac{2}{\pi} \left\{ \frac{2}{B_2} x + \frac{4}{3 B_4} x^3 + \frac{6}{5 B_6} x^5 + \dots \right\}$$

$$= \frac{2}{\pi} \left\{ 12 \, x + 40 \, x^3 + \frac{252}{5} x^5 + \cdots \right\}$$

(B_k = k-te Bernoulli-Zahl; $\doteq$ bedeutet, daß die Differenz der beiden Seiten mit wachsendem x nach 0 strebt), die beide von Ramanujan stammen. Vgl. H.G. Hardy, Ramanujan: Twelve Lectures on Subjects Suggested by His Life and Work, Cambridge University Press, 1940, Kap. 2.

[9] Nämlich: Für ein Paar (m, n) von zufällig gewählten Zahlen ist die Wahrscheinlichkeit, daß m und n beide $\not\equiv 0 \pmod p$ sind, offensichtlich gleich $((p-1)/p)^2$, während für eine zufällig gewählte Zahl n die Wahrscheinlichkeit, daß n und $n + 2$ beide $\not\equiv 0 \pmod p$ sind, gleich $1/2$ für $p = 2$ und gleich $(p-2)/p$ für $p \neq 2$ ist. Somit unterscheidet sich die Wahrscheinlichkeit für n und $n + 2$, modulo p ein Paar von Primzahlkandidaten darzustellen, um einen Faktor $((p-2)/p)\,(p^2/(p-1)^2)$ für $p \neq 2$ bzw. 2 für $p = 2$ von der entsprechenden Wahrscheinlichkeit für zwei unabhängige Zahlen m und n. Wir haben also insgesamt unsere Chancen um einen Faktor

$$C = 2 \prod_{\substack{p>2 \\ p \text{ prim}}} \frac{p^2 - 2p}{p^2 - 2p + 1} = 1,32032\ldots$$

verbessert. Für eine etwas sorgfältigere Durchführung dieses Arguments siehe G.H. Hardy und E.M. Wright, An Introduction to the Theory of Numbers, Clarendon Press, Oxford, 1960, § 22.20 (S. 371–373).

[10] *Jones, M.F., M. Lal* und *W.J. Blundon*: Statistics on certain large primes, Math. Comp. **21** (1967), 103–107.

[11] *Shanks, D.*: On maximal gaps between successive primes, Math. Comp. 18 (1964), 646–651. Der Graph von $g(x)$ wurde anhand der Tabellen aus folgenden Arbeiten gemacht: L.J. Lander und T.R. Parkin, On first appearance of prime differences, Math. Comp. **21** (1967), 483–488; R.P. Brent, The first occurrence of large gaps between successive primes, Math. Comp. **27** (1973), 959–963.

[12] Die Daten in diesem Graph sind aus Lehmers Primzahltabelle entnommen worden (D.N. Lehmer, List of Prime Numbers from 1 to 10 006 721, Hafner Publishing Co., New York, 1956).

[13] Dieser und der folgende Graph wurden anhand der Werte von $\pi(x)$ gemacht, die in D.C. Mapes, Fast method for computing the number of primes less than a given limit, Math. Comp. **17** (1963), 179–185, angegeben werden. Im Gegensatz zu den im vorgehenden Graph benutzten Daten von Lehmer wurden diese Werte mit Hilfe einer Formel für $\pi(x)$ errechnet und nicht durch Aufzählen der Primzahlen bis x.

[14] *Skewes, S.*: On the difference $\pi(x) - \text{li}(x)$ (I), J. Lond. Math. Soc. 8 (1933), 277–283. Diese Abschätzung hat Skewes zunächst unter Annahme der unten besprochenen Riemannschen Vermutung bewiesen; zweiundzwanzig Jahre später (On the difference $\pi(x) - \text{li}(x)$ (II), Proc. Lond. Math. Soc. (3) **5** (1955), 48–70) hat er ohne Hypothese gezeigt, daß es ein x unterhalb der (noch viel größeren) Schranke $10^{10^{10^{964}}}$ gibt mit $\pi(x) > \text{Li}(x)$. Diese Schranke ist von Cohen und Mayhew auf $10^{10^{529,7}}$ und von Lehmann (On the difference $\pi(x) - \text{li}(x)$, Acta Arith. **11** (1966), 397–410) auf $1,65 \times 10^{1165}$ herabgesetzt worden. Lehman zeigte sogar, daß es zwischen $1,53 \times 10^{1165}$ und $1,65 \times 10^{1165}$ ein Intervall von mindestens 10^{500} Zahlen gibt, wo $\pi(x)$ größer ist als $\text{Li}(x)$; seiner Untersuchung zufolge gibt es wahrscheinlich eine Zahl x in der Nähe von $6,663 \times 10^{370}$ mit $\pi(x) > \text{Li}(x)$ und keine Zahl unterhalb 10^{20} mit dieser Eigenschaft.

[15] Es gilt nämlich (wie Gauß 1796 vermutete und Mertens 1874 bewies)

$$\sum_{p<x} \frac{1}{p} = \log\log x + C + \epsilon(x),$$

wo $\epsilon(x) \to 0$ für $x \to \infty$ und $C \approx 0{,}261\ 497$ eine Konstante ist. Dieser Ausdruck ist für $x = 10^9$ kleiner als 3,3 und sogar für $x = 10^{18}$ noch unterhalb 4.

[16] *Tschebyscheff, P.L.*: Recherches nouvelles sur les nombres premiers, Paris 1851, CR Paris **29** (1849), 397–401, 738–739. Für eine moderne Darstellung auf Deutsch des Tschebyscheffschen Beweises siehe W. Schwarz, Einführung in Methoden und Ergebnisse der Primzahltheorie, BI-Hochschul-Taschenbuch 278/278a, Mannheim 1969, Kap. II.4, S. 42–48.

[17] Die größte Potenz von p, die $n!$ teilt, ist $p^{[n/p]+[n/p^2]+\cdots}$, wo $[x]$ den ganzzahligen Teil von x bezeichnet; somit ist in der Bezeichnung des Lemmas

$$v_p = \sum_{r \geqslant 1} \left\{ \left[\frac{n}{p^r} \right] - \left[\frac{k}{p^r} \right] - \left[\frac{n-k}{p^r} \right] \right\}.$$

In dieser Summe ist jeder Summand gleich 0 oder 1, und sicherlich gleich 0 für

$$r > \frac{\log n}{\log p}$$

(da dann $[n/p^r] = 0$ ist), also ist

$$v_p \leqslant \left[\frac{\log n}{\log p} \right]$$

und die Behauptung folgt.

[18] Die oben angegebene Definition von $\zeta(s)$ als

$$1 + \frac{1}{2^s} + \frac{1}{3^s} + \cdots$$

hat nur dann einen Sinn, wenn s eine komplexe Zahl mit Realteil größer als 1 ist (da die Reihe nur dort konvergiert), und in diesem Bereich hat $\zeta(s)$ keine Nullstellen. Die Funktion $\zeta(s)$ läßt sich aber für alle kompexen Zahlen s definieren, so daß es einen Sinn hat, von ihren Wurzeln in der komplexen Ebene zu sprechen. Die Erweiterung des Definitionsbereichs von $\zeta(s)$ auf die Halbebene $Re(s) > 0$ bekommt man am einfachsten, wenn man die für $Re(s) > 1$ gültige Identität

$$(1 - 2^{1-s})\, \zeta(s) = 1 + \frac{1}{2^s} + \frac{1}{3^s} + \cdots - 2\left(\frac{1}{2^s} + \frac{1}{4^s} + \frac{1}{6^s} + \cdots\right)$$

$$= 1 - \frac{1}{2^s} + \frac{1}{3^s} - \cdots$$

benutzt und bemerkt, daß die rechtsstehende Reihe für alle s mit positivem Realteil konvergiert. Somit lassen sich die ,,interessanten'' Wurzeln der Zetafunktion, nämlich die Wurzeln $\rho = \beta + i\,\gamma$ mit $0 < \beta < 1$ elementar durch die beiden Gleichungen

$$\sum_{n=1}^{\infty} \frac{(-1)^{n-1}}{n^\beta} \cos(\gamma \log n) = 0, \quad \sum_{n=1}^{\infty} \frac{(-1)^{n-1}}{n^\beta} \sin(\gamma \log n) = 0$$

charakterisieren.

Die Summe über die Wurzeln ρ in der Riemannschen Formel ist nicht absolut konvergent und muß passend vorgenommen werden [nach wachsendem Absolutbetrag von Im (ρ)].

Schließlich bemerken wir, daß die genaue Formel für $\pi(x)$ schon 1859 von Riemann aufgestellt wurde, erst aber 1895 von von Mangoldt bewiesen.

[19] Diese Wurzeln wurden schon 1903 von Gram berechnet (J.-P. Gram, Sur les zéros de la fonction $\zeta(s)$ de Riemann, Acta Math. 27 (1903), 289–304). Für eine sehr schöne Darstellung der Theorie der Riemannschen Zetafunktion und der Methoden zur Berechnung ihrer Nullstellen siehe H.M. Edwards, Riemann's Zeta Function, Academic Press, New York, 1974.

[20] Nämlich die Riemannsche Vermutung impliziert (und ist sogar damit äquivalent), daß der Fehler in der Gaußschen Approximation Li(x) zu $\pi(x)$ höchstens gleich einer Konstanten mal $x^{1/2} \log x$ ist, während man gegenwärtig nicht einmal weiß, ob dieser Fehler kleiner als x^c für irgendein $c < 1$ ist.

[21] Dieser Graph sowie die drei folgenden sind aus der Arbeit von H. Riesel und G. Göhl, Some calculations related to Riemann's prime number formula, Math. Comp. 24 (1970), 969–983, entnommen worden.

Nachtrag

Da dieser Beitrag eine genaue Niederschrift meiner Antrittsvorlesung darstellt und schon früher im Druck erschienen ist*), habe ich
es für besser gehalten, nicht zu versuchen, den Text "up-to-date" zu
machen, sondern ihn unverändert zu lassen und die neueren Entwicklungen in einem kurzen Nachtrag zu erwähnen.

1. Zu den nicht-Standarddefinitionen der Primzahlen, mit denen der
   Aufsatz beginnt, ist in der Zwischenzeit eine neue hinzugekom-
   men, diesmal spieltheoretisch: Man fange — nach Conway — mit
   $N = 2$ an und ersetze bei jedem Zug N durch αN, wobei α die erste der vierzehn rationalen Zahlen

$$\frac{17}{91}, \frac{78}{85}, \frac{19}{51}, \frac{23}{38}, \frac{29}{33}, \frac{77}{29}, \frac{95}{23}, \frac{77}{19}, \frac{1}{17}, \frac{11}{13}, \frac{13}{11}, \frac{15}{14}, \frac{15}{2}, 55$$

   ist, für die αN ganz ist. Die Zweierpotenzen in der dabei entstehenden Folge 2, 15, 825, 725, 1925,. . . sind genau die Zahlen
   2^p, p prim, in ihrer natürlichen Reihenfolge! Mit einer guten
   Tischrechenanlage kann man auf diese Weise in wenigen Minuten
   die ersten vier oder fünf Primzahlen ermitteln.
2. Seit 1971 hat es schon drei Mal einen neuen Weltrekord für die
   größte bekannte Primzahl (S. 42) gegeben; aus den in Anmerkung 3
   erklärten Gründen sind es wieder Mersennesche Zahlen $2^p - 1$,
   und zwar für $p = 21701$, 23209 und 44497. Für Näheres s. die
   „Bibliographischen Anmerkungen" zu W. Borhos Aufsatz in diesem Band.
3. Über die Anzahlen von Primzahlen bzw. Primzahlzwillingen
   (S. 51, 53) gibt es jetzt Daten bis 10^{11} (R. Brent, Tables con-
   cerning irregularities in the distribution of primes and twin primes

*) Elemente der Mathematik — Beiheft Nr. 15 — 1977; englische Version im
Mathematical Intelligencer 0 (1977) 7—19.

to 10^{11}, 12 computer sheets deposited in UMT File 21, Review in Math. Comp. 30 (1976), S. 379). Besonders interessant von unserem Standpunkt ist der Artikel "A search for large twin prime pairs" von R.E. Crandall und M.A. Penk (Math. Comp. 33 (1979) 383–388), in dem nicht nur das größte bekannte Zwillingspaar angegeben wird (303 Ziffern!), sondern auch ein statistischer Test der asymptotischen Formel

$$(\text{Anzahl der Zwillinge zwischen } x \text{ und } x + a) \sim \frac{1{,}32 \ldots a}{\log^2 x}$$

beschrieben, in dem man bei 132947 zufällig herausgegriffenen Zahlen im Bereich 10^{49} bis 10^{54} statt der erwarteten 245 ± 25 Paare 249 gefunden hat. Auch über die „Gap"-Funktion $g(x)$ (S. 53) gibt es jetzt mehr Daten als die in Fig. 5 illustrierten (s. R. Brent, The distribution of prime gaps in intervals up to 10^{16}, Review in Math. Comp. 28 (1974), S. 331). Als weiteres Beispiel für die Irregularitäten der Primzahlverteilung sei der Artikel von C. Bays und R. Hudson (Math. Comp. 32 (1978) 281 286) über die Differenz $\Delta(x) = \pi_{4,3}(x) - \pi_{4,1}(x)$ erwähnt ($\pi_{a,b}(x) =$ Anzahl der Primzahlen $\leqslant x$ der Gestalt $an + b$). Diese Differenz, die bei kleinen x immer positiv und für alle x sehr klein ist (z.B. ist $\pi_{4,1}(10^{10}) = 227.523.275$, $\pi_{4,3}(10^{10}) = 227.529.235$), bleibt nach den Ergebnissen von Bays & Hudson bis 950.000.000 mit Ausnahme von wenigen Tausend Werten von x positiv, ist aber bis 2×10^{10} in dem sehr großen Intervall $[1{,}854 \times 10^{10}, 1{,}895 \times 10^{10}]$ negativ; das Minimum in diesem Bereich wird bei $\Delta(18.699.356.297) = -2719$ erreicht.

4. Die Riemannsche Vermutung (s. S. 62) ist inzwischen für 150 Millionen Wurzeln, nämlich für alle ρ mit $|\mathrm{Im}(\rho)| < 32.585.736{,}4$, verifiziert worden (R. Brent, On the zeros of the Riemann zeta function in the critical strip, Math. Comp. 33 (1979), 1361– 1372).

Jürgen Rohlfs

Über Summen von zwei Quadraten

In dieser Vorlesung werde ich über solche natürlichen Zahlen a, b und m reden, die der Gleichung $a^2 + b^2 = m$ genügen. Dieses, wie es zunächst scheint, einfache Thema ist geeignet, eine Reihe von Fragestellungen und Methoden vorzuführen, die auch allgemeiner in der Zahlentheorie eine Rolle spielen.

Besonders interessant, und vielleicht nicht nur mir aus der Schulzeit in Erinnerung geblieben, sind die sogenannten Pythagoreischen Tripel natürlicher Zahlen a, b, c mit $a^2 + b^2 = c^2$. Zur Abkürzung schreiben wir (a, b, c) für solch ein Tripel. Wir sehen (a, b, c) und (b, a, c) als gleiche Tripel an. Ein Beispiel ist $(3, 4, 5)$. Dieses Tripel ist in allen alten Hochkulturen bekannt gewesen und ist schriftlich überliefert worden [1]*) (S. 49, 51, 96, 105). Das faszinierende an diesem Tripel ist, daß ein geometrischer Sachverhalt, i.e. eine Vorschrift zur Konstruktion des rechten Winkels, hier seinen arithmetischen Ausdruck findet. Noch im Jahre 14 v. Chr. rühmt der römische Schriftsteller Vitruvius die Konstruktion des rechten Winkels mit Hilfe des Tripels $(3, 4, 5)$ als eine der größten Leistungen der Mathematik insgesamt [1] (S. 326). Man nimmt an [1] (S. 180), daß aus dem zunächst experimentell gefundenen Zusammenhang des Tripels $(3, 4, 5)$ mit der Konstruktion des rechten Winkels überhaupt erst die Idee zum Satz von Pythagoras entstanden ist. Platon scheint das Tripel $(3, 4, 5)$ als Bild des Ehestandes gedeutet zu haben [1] (S. 157). Er deutet die Kathete der Länge vier als das Weibliche, die der Länge drei senkrecht stehend als das Männliche und die Hypotenuse als das aus beiden Geborene. Solche Zahlenmystik ist uns heute fremd und ganz und gar unverständlich geworden. Ihre Existenz zeigt aber den Rang, der dem Tripel $(3, 4, 5)$ zugemessen wurde.

---

*) Die Zahlen in eckigen Klammern verweisen auf das Literaturverzeichnis am Schluß dieses Beitrages

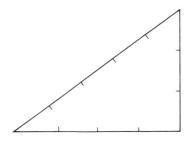

Pythagoreische Tripel sind im Altertum in der Landvermessung und der Architektur praktisch verwendet worden. Hierzu findet man auch Hinweise in der Bibel. In II. Moses 37.10 wird berichtet, daß beim Bau des Zeltes für die Bundeslade Teppiche benutzt wurden, deren Grundquadrat 3 × 4 Ellen maß. Beim Bau des Tempels Salomons wurden nach I Könige 7.27 Konsolen für Opferschalen hergestellt, deren Seitenflächen die Maße 3 × 4 Ellen hatten. Mir scheint, daß die Erwähnung dieser Zahlen im Zusammenhang mit dem größten Heiligtum der Juden mehr ausdrücken soll als nur den Stolz des Praktikers auf die nützliche Kenntnis von (3, 4, 5). Vielleicht ist das Zahlentripel als eine Stelle empfunden worden, wo geistige und konkrete Welt sich treffen, so daß der Platz am Heiligtum seine innere Berechtigung hat.

Es stellt sich nun die Aufgabe, alle Pythagoreischen Tripel zu bestimmen. Damit verläßt man endgültig den Bereich des Praktischen, denn ein einziges Pythagoreisches Tripel reicht ja aus zur Herstellung von rechten Winkeln, und sucht nach theoretischer Erkenntnis an und für sich.

Ist (a, b, c) ein Pythagoreisches Tripel, so auch (na, nb, nc) für alle $n = 1, 2, 3, \ldots$ Es ist daher vernünftig, nach den Pythagoreischen Tripeln (a, b, c) zu suchen, für die der größte Teiler von a und b eins ist. Solche Tripel heißen primitiv. Es ist ein wenig einfacher,

Tripel (a, b, c) zu beschreiben, für die der größte gemeinsame Teiler von a und b höchstens zwei ist. Diese heißen quasiprimitiv. Bei Diophantus von Alexandria (300 v. Chr.) ist folgende Lösung aufgezeichnet [1] (S. 485):

Durchlaufe (x, y) alle Paare von teilerfremden natürlichen Zahlen, für die x größer als y ist. Setzt man $a = 2xy$, $b = x^2 - y^2$, $c = x^2 + y^2$, so erhält man alle quasiprimitiven Pythagoreischen Tripel und zwar jedes genau einmal. Es ist (a, b, c) dann und nur dann primitiv, wenn x und y nicht beide ungerade sind.

Hierzu möchte ich zwei Begründungen andeuten.

Einfache Teilbarkeitsüberlegungen zeigen, daß es im wesentlichen darauf ankommt, alle Paare (a, b) von rationalen Zahlen im ersten Quadranten der Ebene zu finden mit $a^2 + b^2 = 1$ und $a \neq 0$, $b \neq 0$.

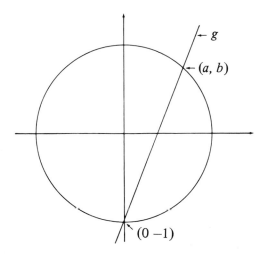

Hierzu betrachte man die skizzierte Gerade g mit der Steigung m durch die Punkte (a, b) und $(0, -1)$. Sind die Zahlen a, b rational, dann ist offenbar auch m rational. Ist umgekehrt m rational, so werden die Koordinaten der Schnittpunkte von g mit dem Einheitskreis durch die Nullstellen von quadratischen Gleichungen mit rationalen

Koeffizienten gegeben. Nun kennt man aber die $(0, -1)$ entsprechenden rationalen Lösungen nach Konstruktion. Daher sind die anderen, dem Punkte (a, b) entsprechenden Lösungen, notwendig auch rational. Die Rechnung ergibt $a = \dfrac{2\,m}{m^2 + 1}$ und $b = \dfrac{m^2 - 1}{m^2 + 1}$. Setzt man $m = \dfrac{x}{y}$, so folgen die behaupteten Formeln.

Man kann auch weniger geometrisch folgendermaßen argumentieren. Seien a und b rational positiv und $a^2 + b^2 = 1$. Sei $z = b + i \cdot a$ mit $i = \sqrt{-1}$. Dann ist $z \cdot \bar{z} = 1$ und

$$1 + z = z \cdot \bar{z} + z = z \cdot (\bar{z} + 1), \text{ also } z = \frac{1 + z}{1 + \bar{z}}.$$ Hier ist $\bar{z} \neq -1$ und $\bar{z} = b - i \cdot a$. Setzt man $1 + z = x + i \cdot y$ für rationale x und y, so folgt wieder obige Lösung. Die Fachleute werden bemerken, daß sich hinter diesen etwas formalen Operationen ein Spezialfall des sogenannten Theorems 90 von Hilbert verbirgt.

In einem primitiven Pythagoreischen Tripel (a, b, c) ist offenbar entweder a oder b gerade. Die angegebenen Formeln liefern also genau diejenigen primitiven Pythagoreischen Tripel (a, b, c), in denen a gerade ist.

Aus obigen Formeln lesen wir ab, daß in jedem Pythagoreischen Tripel (a, b, c) die Zahlen a oder b durch 4 teilbar sind. Es gilt auch, daß eine der Ziffern a oder b durch 3 teilbar ist. Wären nämlich a und b beide nicht durch 3 teilbar, so wäre $a = 3\,j \pm 1$, $b = 3\,k \pm 1$, mit geeigneten natürlichen Zahlen j und k und $a^2 + b^2 = 3\,(3\,j^2 + 3\,k^2 \pm 2\,j \pm 2\,k) + 2$. Aber das Quadrat jeder natürlichen Zahl läßt bei Division durch 3 den Rest 0 oder 1 und nie den Rest 2. Daher wäre $a^2 + b^2$ kein Quadrat im Widerspruch zur Formel $c^2 = a^2 + b^2$. Ähnlich findet man, daß eine der drei Zahlen a, b und c durch 5 teilbar ist. Das Tripel $(3, 4, 5)$ zeigt nun, daß man weitere Teilbarkeitsaussagen dieser Art nicht erwarten kann, oder anders gewendet, daß insgesamt gilt:
Die Zahlen 1, 2, 3, 4, 5 bilden die einzige Teilmenge M der natür-

lichen Zahlen mit der Eigenschaft, daß zu jedem Element n aus M jedes Pythagoreische Tripel eine durch n teilbare Zahl enthält.

Aus der Formel für (a, b, c) gewinnt man die folgende Tabelle quasiprimitiver Pythagoreischer Tripel.

x	y	a	b	c
2	1	4	3	5
3	1	6	8	10
3	2	12	5	13
4	1	8	15	17
4	3	24	7	25
5	1	10	24	26
5	2	20	21	29
5	3	30	16	34
5	4	40	9	41
6	1	12	35	37
6	5	60	11	61
7	1	14	48	50
7	2	28	45	53
7	3	42	40	58
7	4	56	33	65
7	5	70	24	74
7	6	84	13	85
8	1	16	63	65
8	3	48	55	73
8	5	80	39	89
8	7	112	15	113
9	1	18	80	82
9	2	36	77	85
9	4	72	65	97
9	5	90	56	106
9	7	126	32	130
9	8	144	17	145
10	1	20	99	101
10	3	60	91	109
10	7	140	51	149
10	9	180	19	181

Diese Tabelle kann man sich folgendermaßen vor Augen führen:
Jedem Pythagoreischen Tripel (a, b, c) ordnet man durch (a, b), falls
$a > b$, oder durch (b, a), falls $b > a$, einen Punkt der Ebene zu. Dieser
Punkt liegt im ersten „Oktanten" der Ebene, d.h.: in der Menge der
Punkte (x, y) mit $x > y$. Die Punkte der Ebene mit ganzzahligen Koordinaten bilden ein sogenanntes „Gitter", und die Tabelle zeigt, daß
nur verhältnismäßig wenige Gitterpunkte des ersten Oktanten primi-
tive Pythagoreische Tripel darstellen. Wir werden diesen Sachverhalt
noch genauer untersuchen.

Man hat nun eine vollständige Übersicht über alle Pythagoreischen Tripel. Versucht man Aussagen über solche Pythagoreischen
Tripel Δ zu machen, die zusätzlich noch eine Eigenschaft $E(\Delta)$ haben, so ergeben sich interessante Aufgaben.

Ein Beispiel ist die Frage, ob es unendlich viele Pythagoreische
Tripel gibt, in denen eine Kathete und die Hypotenuse Primzahlen
sind. Ist (q, v, p) so ein Tripel mit Primzahlen p und q, so gilt
$(p - v) \cdot (p + v) = q^2$. Daher ist notwendig $p - v = 1$ und
$p + v = q^2$, also $2p - 1 = q^2$. Ist andererseits $2p = q^2 + 1$ mit Primzahlen p und q, so gilt $p^2 = q^2 + (p - 1)^2$. Man findet also alle ge-
suchten Tripel, wenn man alle Lösungen der Gleichung $2p = q^2 + 1$
für Primzahlen p und q kennt. Bis heute weiß man aber nicht einmal,
ob diese Gleichung unendlich viele verschiedene Lösungen hat oder
nicht.

Es ist eine amüsante Beobachtung, daß mit $(5, 12, 13)$ auch $(15,
112, 113)$ ein Pythagoreisches Tripel ist. Levi zeigt [3], daß es unend-
lich viele Pythagoreische Tripel gibt mit der Eigenschaft, daß bei Voranstellen der Ziffer 1 wieder Pythagoreische Tripel entstehen. Santalo zeigt [6], daß für jede der Ziffern $a = 1, 2, \ldots, 7$ unendlich
viele Pythagoreische Tripel existieren mit der Eigenschaft, daß bei
Voranstellen der Ziffer a wieder Pythagoreische Tripel entstehen.

Wir verschärfen unsere Fragestellung folgendermaßen: Sei $E(\Delta)$
eine Eigenschaft, die einem Pythagoreischen Tripel Δ zukommt oder
nicht. Sei V eine Vorschrift, die jedem Pythagoreischen Tripel Δ eine

reelle Zahl $V(\Delta)$ zuordnet. Man studiere die Funktion F, die jeder reellen Zahl v die Anzahl $F(v)$ derjenigen Pythagoreischen Tripel Δ zuordnet, welche die Eigenschaft $E(\Delta)$ haben und die $V(\Delta) < v$ erfüllen. Zur Abkürzung schreiben wir hierfür:
$F(v) = \#\{\Delta/V(\Delta) < v, E(\Delta) \text{ gilt}\}$. Ist $\lim\limits_{v \to \infty} F(v) = \infty$, so wird man

sich zunächst mit der Kenntnis des asymptotischen Wachstums von $F(v)$ für $v \to \infty$ zufrieden geben, d.h. man sucht Aussagen der Form $F(v) = c\,v^\alpha + O(v^\beta)$ mit reellen Zahlen c, α, β und $\alpha > \beta > o$ zu beweisen.

Das folgende Beispiel hierzu stammt von Lambek u. Moser [4]. Es wird die Funktion $F(v) = \#\{\Delta = (a, b, c) \mid \Delta \text{ primitiv}, c < v\}$ studiert. Da die zugrundeliegende Methode einfach ist und in ähnlicher Weise oft in der Zahlentheorie verwendet wird, soll sie hier vorgeführt werden.

Wir haben eine gute formelmäßige Übersicht über die quasiprimitiven Pythagoreischen Tripel. Daher ist es sinnvoll,

$$Q(v) = \#\{\Delta = (a, b, c) \mid \Delta \text{ quasiprimitiv}, c < v\}$$

einzuführen. Wegen $Q(v) = F(v) + F\left(\dfrac{v}{2}\right)$ kann $F(v)$ durch $Q(v)$ ausgedrückt werden, und man findet

$$F(v) = \sum_{i=0}^{\infty} (-1)^i Q\left(\frac{v}{2^i}\right).$$

Fast alle Summanden in der unendlichen Summe sind hier Null. Ist t eine positive reelle Zahl, so setze man

$$q(t) = \#\{(x, y) \mid x, y \text{ ganz und teilerfremd}, x^2 + y^2 < t^2, x > y > 0\}.$$

Nach obigem Ergebnis ist dann $Q(v) = q(v^{1/2})$. Sei

$$l(t) = \#\{(x, y) \mid x, y \text{ ganz}, x > y > 0, x^2 + y^2 < t^2\}.$$

Dann ist offenbar

$$l(t) = \sum_{i=1}^{[t]} q\left(\frac{t}{i}\right).$$

Hier ist $[t]$ die größte ganze Zahl, die kleiner oder gleich t ist. Die letzte Gleichung läßt sich mit der sogenannten Moebiusschen Funktion μ nach $q(t)$ auflösen [5] (16.4). Diese Funktion wird folgendermaßen definiert: Ist $n = p_1 p_2 \ldots p_r$ die Zerlegung von n in Primfaktoren p_i, so setze man $\mu(n) = 0$, wenn zwei der Faktoren übereinstimmen und $\mu(n) = (-1)^r$ falls alle Faktoren verschieden sind. Setzt man $\mu(1) = 1$, so ist nun jedem $n = 1, 2, 3, \ldots$ genau eine der Zahlen $-1, 0, 1$ als $\mu(n)$ zugeordnet worden. Man findet

$$q(t) = \sum_{i=1}^{[t]} \mu(i)\, l\left(\frac{t}{i}\right).$$

Zur Lösung der ursprünglichen Aufgabe ist also $l(t)$ angenähert zu berechnen. Man erhält

$$l(t) = \frac{\pi}{8} t^2 + O(t).$$

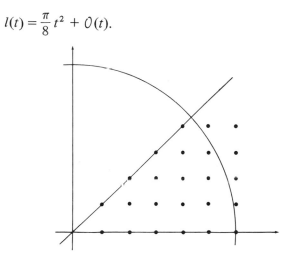

Diese Gleichung bedeutet, daß $l(t)$ mit $\frac{\pi}{8} t^2$ übereinstimmt bis auf einen Fehler, der höchstens zu t proportional ist. Hierzu beachte man, daß die Anzahl aller Gitterpunkte in der Menge M der Punkte (x, y) der Ebene mit $x \geqslant y \geqslant 0$ und $x^2 + y^2 < t^2$ durch das Volumen von M abgeschätzt werden kann, mit einem Fehler der proportional zur Anzahl der Maschen des Gitters ist, die den Rand von M treffen. Dieser Fehler ist offenbar proportional zur Länge des Randes, und die Abschätzung folgt. Dieses geometrische Argument macht den eigentlichen Kern des Beweises aus. Es findet sich im verwandten Zusammenhang schon bei Gauß. Man findet also

$$q(t) = \sum_{i=1}^{[t]} \mu(i) \cdot \frac{\pi}{8} \left(\frac{t}{i} \right)^2 + \mathcal{O}\left(\sum_{i=1}^{[t]} \frac{t}{i} \right).$$

Nun ist bekanntlich $\sum_{n=1}^{\infty} \frac{1}{n^2} = \frac{\pi^2}{6}$ und $\sum_{i=1}^{\infty} \frac{\mu(i)}{i^2} = \frac{6}{\pi^2}$. Wegen

$$\sum_{n=1}^{[t]} \frac{1}{n^2} = \frac{\pi^2}{6} + \mathcal{O}(t^{-1}) \quad \text{folgt} \quad \sum_{i=1}^{[t]} \frac{\mu(i)}{i^2} = \frac{6}{\pi^2} + \mathcal{O}(t^{-1}).$$

Es ist $\sum_{i=1}^{[t]} \frac{1}{i} = \log t + \mathcal{O}(1)$. Mit $t = n^2$ folgt dann

$$Q(n) = \frac{6}{8\pi} n + \mathcal{O}(n^{1/2} \cdot \log n) \text{ und mit } \sum_{i=0}^{\infty} (-2)^{-i} = \frac{2}{3} \text{ folgt endlich}$$

$$F(n) = \frac{n}{2\pi} + \mathcal{O}(n^{1/2} \cdot \log n).$$

Wir können $2F(\nu)$ deuten als Anzahl der Gitterpunkte der Ebene mit relativ primen positiven Koordinaten, deren Abstand vom Nullpunkt eine natürliche Zahl kleiner als ν ist. Die Anzahl $L(\nu)$ aller Gitterpunkte im ersten Quadranten mit einem Abstand kleiner als ν vom Nullpunkt erfüllt, wie wir eben sahen, $L(\nu) = \frac{\pi}{4} \nu^2 + \mathcal{O}(\nu)$. Der

Quotient $\dfrac{2F(v)}{L(v)}$ stimmt dann asymptotisch mit $\dfrac{4}{\pi^2}\dfrac{1}{v}$ überein, und

$\dfrac{4}{\pi^2}\dfrac{1}{v}$ läßt sich als ungefähre Dichte der primitiven Pythagoreischen Tripel in der Menge der Gitterpunkte des ersten Oktanten mit einem Abstand kleiner als v zum Nullpunkt deuten.

Ähnliche Untersuchungen wurden von Lambeck u. Moser für die Funktionen

$$F_a(v) = \#\{\Delta = (a, b, c)/\ \Delta \text{ primitiv}, \frac{a \cdot b}{2} < v\} \text{ und}$$

$$F_p(v) = \#\{\Delta = (a, b, c)\ /\ \Delta \text{ primitiv}, a + b + c < v\} \text{ angestellt.}$$

Kennt man ganz allgemein eine Funktion $F(v)$ asymptotisch i.e. $F(v) = c \cdot v^\alpha + \mathcal{O}(v^\beta)$ mit $\alpha > \beta > o$, so kann man versuchen, im nächsten Schritt $F(v) - c \cdot v^\alpha$ für große v asymptotisch zu bestimmen und so fort. Für $F = F_a$ ist das von R.E. Wild [7] begonnen worden.

Im zweiten Teil des Vortrages betrachten wir nun allgemeiner die Lösungen der Gleichung $a^2 + b^2 = m$ für ganze Zahlen a, b und m. Ist eine natürliche Zahl m vorgegeben, so hat man sich zunächst zu fragen, ob die Gleichung überhaupt ganzzahlige Lösungen hat. Für $m = 3$ findet man zum Beispiel keine Lösungen. Schon Diophantus von Alexandria hat bemerkt, daß die Gleichung sicher dann unlösbar ist, wenn m nach Division durch 4 den Rest 3 läßt, denn Quadrate natürlicher Zahlen lassen bei Divison durch 4 den Rest 0 oder 1, also läßt $a^2 + b^2$ den Rest 0, 1 oder $1 + 1 = 2$, aber niemals den Rest 3. Eine vollständige Antwort fand Fermat im Jahre 1638. Er zeigte [5] (§ 20), daß m genau dann von der Form $a^2 + b^2$ ist mit ganzen Zahlen a und b, wenn kein Primteiler des quadratfreien Anteils von m bei Division durch 4 den Rest 3 läßt. Darüber hinaus gelang es Fermat sogar, eine Formel für die Anzahl $v(m)$ der verschiedenen

Paare (a, b) von ganzen Zahlen mit $a^2 + b^2 = m$ anzugeben. Es gilt
[5] (§ 19.9), daß $v(m) = 4(d_1(m) - d_3(m))$. Dabei ist $d_1(m)$ beziehungsweise $d_3(m)$ die Anzahl der Teiler von m, die nach Division
durch 4 den Rest 1 beziehungsweise den Rest 3 lassen. Setzt man für
jede gerade natürliche Zahl d fest $\chi(d) = o$ und $\chi(d) = (-1)^{(d-1)/2}$
für ungerades natürliches d und schreibt $d \mid m$ für die Aussage „d teilt
m", dann kann man auch schreiben

$$v(m) = 4 \cdot \sum_{d \mid m} \chi(d).$$

Ist nun $m = p$ eine Primzahl, so finden wir $v(p) = o$, es sei denn
$p = 4j + 1$ mit einer natürlichen Zahl j, und dann gilt $v(p) = 8$. Die
Zahl 8 ist leicht zu verstehen. Wenn $a^2 + b^2 = p = 4j + 1$, so ist
$a \neq b$, und man hat die 8 verschiedenen Lösungen $(a, b), (-a, b)$,
$(a, -b), (-a, -b), (b, a), (-b, a), (b, -a), (-b, -a)$.

Die Formel für $v(m)$ läßt sich auch auf ganz andere Weise deuten.
Durchlaufe hierzu q die reellen oder komplexen Zahlen vom Betrage
$|q| < 1$. Dann läßt sich unter Verwendung der geometrischen Reihe
leicht nachrechnen, daß die Formel für $v(m)$ äquivalent zur folgenden Identität zwischen Potenzreihen ist:

$$\sum_{m=1}^{\infty} v(m)q^m = \sum_{n=0}^{\infty} (-1)^n \frac{q^{2n+1}}{1 - q^{2n+1}}.$$

Es ist nun interessant, daß Jacobi im Jahre 1829 diese Potenzreihen-
identität auf völlig anderem Wege in Zusammenhang mit der Theorie
elliptischer Funktionen beweisen konnte, man siehe hierzu [5] (§ 17)
und die dort angegebene Literatur.

Schreibt man $\theta(q) = \sum\limits_{n=-\infty}^{+\infty} q^{n^2}$, so ist offenbar

$\theta(q)^2 = 1 + \sum\limits_{m=1}^{\infty} v(m)q^m$, und wir können unsere Aussagen über

Summen von zwei Quadraten als Potenzreihenidentität für die sogenannte Theta-Funktion $\theta(q)^2$ auffassen. Hier bieten sich Verallgemeinerungen an. Will man zum Beispiel für natürliches m die Anzahl
$c(m)$ der verschiedenen Möglichkeiten bestimmen, m als Summe von
vier Quadraten ganzer Zahlen zu schreiben, so muß man „nur" die
Potenzreihenentwicklung von $\theta(q)^4$ kennen. Jacobi findet

$$\theta(q)^4 = 1 + \sum_{m=1}^{\infty} c(m)q^m = 1 + 8 \sum_{n}{}' \frac{n\,q^n}{1-q^n}.$$

Hier wird in $\sum_{n}{}'$ über alle positiven natürlichen Zahlen n summiert,
die nicht durch 4 teilbar sind, [5] (§ 20). Der Koeffizientenvergleich
liefert, daß $c(m)$ die Summe aller nicht durch 4 teilbaren Teiler von
m ist:

$$c(m) = \sum_{\substack{d\,|\,m \\ 4\,\nmid\,d}} d.$$

Insbesondere erhält man so einen berühmten Satz, der von Fermat
vermutet und zuerst von Lagrange bewiesen wurde: Jede natürliche
Zahl ist eine Summe von vier Quadraten.

Ich will jetzt nicht versuchen, all diese Ergebnisse zu begründen,
sondern ich möchte im letzten Teil des Vortrages ein Problem aus
der Physik angeben, zu dessen Behandlung man die ganzzahligen Lösungen von $a^2 + b^2 = m$ gut verstehen muß. Dabei werden wir erleben, daß „ganz von selbst" zahlentheoretische und analytische
Fragen eigentümlich vermischt auftreten.

Wir betrachten einen zweidimensionalen Torus T. Anschaulich ist
T ein hohler Rettungsring (Skizze), mathematisch beschreiben wir T
in der Form $T = \mathbb{R}/_{\mathbb{Z}} \times \mathbb{R}/_{\mathbb{Z}}$. Es ist $\mathbb{R}/_{\mathbb{Z}}$ das Intervall $[0, 1]$ mit
zusammengeklebten Punkten 0 und 1. Wir stellen uns vor, daß der
Torus aus dünnem Blech gefertigt ist. Der Torus werde ungleichför-

$$T = \quad$$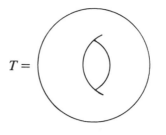

mig mit einer Lötlampe erwärmt. Zum Zeitpunkt $t = 0$ stellen wir die Lötlampe ab. Dann herrscht an jedem Punkt p von T eine Temperatur $u(p, o) = u(p)$ auf dem Torus. Offenbar herrscht zu einem späteren Zeitpunkt t eine wohlbestimmte Temperatur $u(p, t)$ am Punkte p. Diese reelle Zahl $u(p, t)$ kann nun auf anderem Wege als durch eine Messung bestimmt werden. Hierzu wird der Punkt p von T durch zwei reelle Zahlen x, y beschrieben, die beide nur modulo den ganzen Zahlen $\mathbb{Z}$ bestimmt sind. In der Physik lernt man dann [8], daß bei geeigneter Eichung der Zeit-Koordinate die Funktion u die eindeutig bestimmte Lösung der Wärmeleitungsgleichung

$$-\left(\frac{\partial^2}{\partial x^2} + \frac{\partial^2}{\partial y^2} \right) u + \frac{\partial}{\partial t} u = 0$$

mit der Anfangsbedingung $u(p, 0) = u(p)$ ist. Wir fassen $u(p, t)$ als doppeltperiodische Funktion in den Variablen (x, y) auf, und nehmen an, daß $p \mapsto u(p, 0)$ eine gut konvergente Reihenentwicklung der Form

$$u(x, y, 0) = \sum_{a,\, b \in \mathbb{Z}} g_{a,b} \cdot f_{a,b}(x,y)$$

besitzt, wobei die $g_{a,b}$ komplexe Zahlen sind und

$f_{a,b}(x, y) = \exp 2\pi i\,(ax + by)$; eine sogenannte Fourierentwicklung. Genaugenommen wird $u(x, y, o)$ durch den Realteil der Fourierreihe gegeben. Es ist

$$-\left(\frac{\partial^2}{\partial x^2} + \frac{\partial^2}{\partial y^2}\right) f_{a,b} = \lambda_{a,b} \cdot f_{a,b}$$

mit $\lambda_{a,b} = (2\pi)^2 \, (a^2 + b^2)$. Ganz formal findet man nun die Lösung der Wärmeleitungsgleichung

$$u(p, t) = \sum_{a,b\in\mathbb{Z}} g_{a,b} \cdot f_{a,b}(p) \cdot \exp\left(-\lambda_{a,b} \cdot t\right) =$$

$$= \sum_{m=0} \left(\sum_{a^2+b^2=m} g_{a,b} \cdot f_{a,b}(p)\right) \cdot \exp\left(-(2\pi)^2 \cdot m \cdot t\right).$$

Die Zahl $v(m) = \#\{(a, b) \,|\, a, b \text{ ganz}, a^2 + b^2 = m\}$ kann jetzt als Dimension des Eigenraumes vom Differentialoperator $-\left(\frac{\partial^2}{\partial x^2} + \frac{\partial^2}{\partial y^2}\right)$ zum Eigenwert $(2\pi)^2 m$ auf T gedeutet werden.

Die Verteilung des Spektrums von $\frac{\partial^2}{\partial x^2} + \frac{\partial^2}{\partial y^2}$, i.e. der Eigen-werte, mißt die Funktion $B(v) = \#\{m \,/\, m = a^2 + b^2 ; a, b \text{ ganz}; m \leqslant v\}$. Sie wurde 1909 von Landau [2] (§ 183) untersucht. Landau fand, daß

$$B(v) = (2 \prod_{p\equiv 3(4)} (1 - p^{-2}))^{-1/2} \cdot (v \, (\log v)^{-1/2}) \cdot$$

$$\cdot (1 + \mathcal{O}(1/\log v)).$$

Wir betrachten nochmals die Wärmeleitungsgleichung und setzen

$$\Gamma(p, v, t) = \sum_{a,b\in\mathbb{Z}} f_{a,b}(p) \cdot \overline{f_{a,b}(v)} \exp\left(-\lambda_{a,b} \cdot t\right).$$

Sei $dv = dx \wedge dy$ das Volumenelement auf dem Torus. Dann findet man sofort daß

$$u(p, t) = \int_T F(p, v, t)\, u(v) dv \quad \text{für } t > 0.$$

Es heißt $F(,\,)$ Fundamentallösung der Wärmeleitungsgleichung auf dem Torus. Kennt man F, so kann man also die Wärmeleitungsgleichung mit vorgegebenen Anfangsbedingungen lösen. Man hat offenbar

$$\int_T F(v, v, t) dv = 1 + \sum_{m=1}^{\infty} v(m) \cdot \exp\left(-(2\pi)^2 \cdot m \cdot t\right)$$

für $t > 0$. Die Funktion $t \longmapsto \sum_{m=1}^{\infty} v(m) \cdot \exp\left(-(2\pi)^2 \cdot m \cdot t\right)$ faßt gleichsam in einer Kurzschrift alle $v(m)$ zusammen. Mit $z = i \cdot 4 \cdot \pi \cdot t$ und $q = \exp(\pi i z)$ erhalten wir für den letzten Ausdruck $\sum_{m=1}^{\infty} v(m) q^m$. Diese Bildung ist für $\text{Im}(z) > 0$ sinnvoll und definiert dort eine analytische Funktion, die uns schon unter dem Namen Theta-Funktion bekannt ist. Ordnet man ganz formal dem Ausdruck

$$\sum_{m=1}^{\infty} v(m) q^m$$

für komplexes s mit Realteil größer als 1 die Funktion

$$\zeta(s) = \sum_{m=1}^{\infty} \frac{v(m)}{m^s}$$

zu, so findet man

$$\zeta(s) = 4 \prod_p \left(1 - \chi(p)\, p^{-s}\right)^{-1} \cdot \left(1 - p^{-s}\right)^{-1},$$

wobei hier das unendliche Produkt über alle Primzahlen zu nehmen ist. Bis auf den Faktor 4 ist $\zeta(s)$ gerade die sogenannte Zeta-Funktion des Körpers $\mathbb{Q}$ $(\sqrt{-1})$.

Wir sehen also, daß mit der Theorie der Wärmeleitungsgleichung auf dem Torus einige analytische Funktionen eng zusammenhängen. Diese Funktionen sind durch die Kenntnis von $m \mapsto \nu(m)$ bestimmt und umgekehrt.

Alle hier angeschnittenen Fragen und angedeuteten Zusammenhänge sind außerordentlich verallgemeinerungsfähig und sind Teil einer sehr lebendigen Theorie. Ich hoffe, Ihre Neugier geweckt zu haben.

Literaturverzeichnis

[1] *Cantor, M.*: Vorlesungen über Geschichte der Mathematik, Bd. I, Leipzig–Berlin, Teubner (1922).
[2] *Landau, E.*: Handbuch der Lehre von der Verteilung der Primzahlen, New York, Chelsea (1953).
[3] *Levi, B.*: On a Diophantine problem, Math. Notae 5, 108–119 (1945).
[4] *Lambek, I., Moser, L.*: On the distribution of Pythagorean triangles, Pacific J. Math. 5, 73–83 (1955).
[5] *Hardy, G.H., Wright, E.M.*: The theory of Numbers, Oxford, Clarendon Press (1962).
[6] *Santalo, L.A.*: Addendum to the note "On a Diophantine problem", Math. Notae 5, 162–171 (1945).
[7] *Wild, R.E.*: On the number of Pythagorean triangles with area less than n, Pacific J. Math. 5, 85–91 (1955).
[8] *Widder, D.V.*: The heat equation, New York, London, academic press, INC (1975).

Hanspeter Kraft

Algebraische Kurven und diophantische Gleichungen

Wer noch das Glück hatte, vor der Einführung der Mengenlehre im Mathematikunterricht zur Schule zu gehen, wird sich bestimmt an den *Pythagoreischen Lehrsatz* erinnern:

In einem rechtwinkeligen Dreieck ist die Summe der Quadrate über den beiden Katheten flächengleich dem Quadrat über der Hypotenuse:

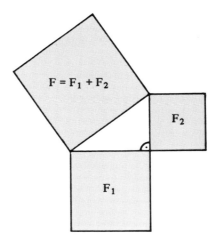

Fig. 1

Dieser Satz war bereits im Babylonien HAMMURABIS bekannt, vielleicht sogar schon in Ägypten, doch dürfte der erste Beweis aus der Schule der Pythagoreer stammen. Diese Gruppe von mathematisch

Bei der Anfertigung der Zeichnungen in diesem Beitrag hat Frl. M. RIBBE in dankenswerter Weise mitgeholfen.

interessierten Philosophen nannte sich so nach dem ziemlich mythischen Gründer, PYTHAGORAS (ca. 580 – 500 v. Chr.), der vermutlich Mystiker, Wissenschaftler und aristokratischer Politiker war. Er soll Babylonien und Ägypten bereist haben und später in Oberitalien (Kroton) einen Kreis begeisterter Jünger um sich versammelt haben, aus dem die Schule der Pythagoreer entstand. Die Historiker können heute nicht mehr herausfinden, welche Leistungen der Pythagoreer auf den Meister selbst zurückgehen und welche den Schülern zuzuschreiben sind.

Bezeichnen wir in dem rechtwinkeligen Dreieck ABC die Seitenlängen mit a, b und c, wobei c dem rechten Winkel gegenüber liegt,

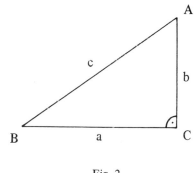

Fig. 2

so behauptet der Lehrsatz das Bestehen der Gleichung

(1) $a^2 + b^2 = c^2$.

Diese Gleichung ist zum Beispiel erfüllt, wenn wir für a, b und c die Zahlen 3,4,5 oder 5,12,13 oder 41,140,149 einsetzen. Solche Lösungen von (1) in ganzen positiven Zahlen a, b, c hatten schon die Pythagoreer gefunden; sie werden deshalb auch *Pythagoreische Zahlentripel* genannt. Es ist wahrscheinlich, daß die Suche nach solchen

Tripeln zum Pythagoreischen Lehrsatz geführt hat. Das Tripel (3,4,5)
war allerdings schon viel früher bekannt, wie etwa aus dem überlie-
ferten Dialog zwischen dem Kaiser TSCHAU KONG (ca. 1100 v.
Chr.) und dem Gelehrten SCHANG KAOU hervorgeht ([2][1]) Seite
54—65; mehr über dieses Zahlentripel findet der Leser im Beitrag
von J. ROHLFS).

Wir stellen uns nun die Frage, *wieviele* Pythagoreische Zahlentripel es gibt. Offenbar kann man aus einem Tripel (a, b, c) unendlich viele neue konstruieren, indem man alle drei Zahlen mit einer beliebigen ganzen Zahl *n* multipliziert: Aus dem Tripel (3,4,5) entsteht
so die unendliche Serie (3,4,5), (6,8,10), (9,12,15), (12,16,20), . . .
Wir präzisieren daher die obige Frage und suchen nach den *primitiven*
Pythagoreischen Zahlentripel, d.h. nach solchen Tripeln (a, b, c), für
die der größte gemeinsame Teiler gleich 1 ist. Die Lösung hat schon
DIOPHANTOS VON ALEXANDRIA (um 250 n. Chr.) angegeben:

> *Sind n, m zwei teilerfremde ganze (positive) Zahlen mit posi-*
> *tiver und ungerader Differenz n − m, so ist*
> *(2mn, n² − m², n² + m²) ein primitives Pythagoreisches*
> *Zahlentripel und jedes solche erhält man auf diese Weise.*

Der erste Teil dieser Behauptung ist — durch Einsetzen — leicht nach-
zuprüfen; Spezialfälle solcher „Konstruktionsvorschriften" für Pythagoreische Zahlentripel waren schon früher bekannt. Der schwieri-
gere Teil der Behauptung besteht darin nachzuweisen, daß man auf
diese Weise *alle* primitiven Tripel erhält. Wir wollen dies mit Hilfe
einer geometrischen Überlegung herleiten. Dividieren wir die Gleichung (1) durch c^2, so ergibt sich die Beziehung

$$\left(\frac{a}{c}\right)^2 + \left(\frac{b}{c}\right)^2 = 1.$$

---

[1]) Zahlen in eckigen Klammern verweisen auf das Literaturverzeichnis am
Schluß dieses Beitrags.

Wir erhalten damit aus jedem Pythagoreischen Zahlentripel (a, b, c) eine Lösung der Gleichung

(2) $x^2 + y^2 = 1$

in *rationalen Zahlen* (= Brüchen), nämlich $x = \dfrac{a}{c}$ und $y = \dfrac{b}{c}$; wir nennen dies eine *rationale Lösung* von (2). Umgekehrt erhält man aus einer solchen sofort ein Pythagoreisches Zahltripel, indem man die beiden Brüche x und y auf den Hauptnenner bringt: $x = \dfrac{a}{c}$ und $y = \dfrac{b}{c}$ mit ganzen Zahlen a, b und c. Wir haben damit unser Problem zurückgeführt auf die Bestimmung der rationalen Lösungen von (2). Diese Gleichung ist uns ebenfalls von der Schule her wohlbekannt: Sie beschreibt den Kreis um den Nullpunkt mit Radius 1 in der euklidschen Ebene.

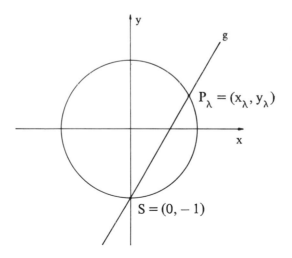

Fig. 3

Betrachten wir nun eine Gerade g durch den Punkt $(0, -1)$ mit Steigung λ,

(3) $g: y = \lambda x - 1$,

so erfüllen die Koordinaten der beiden Schnittpunkte $S = (0, -1)$ und $P_\lambda = (x_\lambda, y_\lambda)$ der Geraden g mit dem Kreis die Gleichungen (2) und (3). Durch Einsetzen von (3) in (2) erhalten wir die Beziehung

(4) $(\lambda^2 + 1) x^2 - 2\lambda x = 0$,

woraus sich die Koordinaten (x_λ, y_λ) von P_λ berechnen lassen:

(5) $x_\lambda = \dfrac{2\lambda}{\lambda^2 + 1}, y_\lambda = \lambda x_\lambda - 1 = \dfrac{\lambda^2 - 1}{\lambda^2 + 1}$

(Man bestätigt leicht durch Einsetzen, daß dies eine Lösung von (2) ist.) Für rationale λ erhalten wir offenbar rationale Lösungen. Ist umgekehrt (x_0, y_0) eine rationale Lösung von (2) und P_0 der zugehörige Punkt auf dem Kreis, so ist die Steigung λ der Geraden durch $(0, -1)$ und P_0 rational: $\lambda = \dfrac{y_0 + 1}{x_0}$. Die Lösung (x_0, y_0) ist folglich von der in (5) angegebenen Form. Damit haben wir gezeigt, daß die rationalen Lösungen von (2) durch (5) gegeben sind mit rationalem λ. Schreiben wir nun noch λ als Bruch $\lambda = \dfrac{n}{m}$, so folgt

$$x_\lambda = \frac{2nm}{n^2 + m^2}, y_\lambda = \frac{n^2 - m^2}{n^2 + m^2}$$

Wir erhalten also jedes Pythagoreische Zahlentripel in der Gestalt $(2nm, n^2 - m^2, n^2 + m^2)$, was zu zeigen war.

Dieses Ergebnis ist nur eines der vielen Resultate, die sich in der *Arithmetica* des DIOPHANTOS finden. Nur sechs der ursprünglichen

Bücher sind erhalten geblieben; über ihre Gesamtzahl ist man auf Vermutungen angewiesen. Wir wissen auch nicht, wer DIOPHANTOS war. Sein Werk ist jedenfalls eine der großartigsten Abhandlungen aus dem griechisch-römischen Altertum, eine äußerst vielseitige Sammlung von Problemen mit oft höchst geistvollen Lösungen. (Mehr darüber findet der interessierte Leser in dem gelungenen Büchlein von I.G. BAŠMAKOVA [1].)

Es war dann auch die Lektüre des DIOPHANTOS — in einer Übersetzung durch CLAUDE GASPAR DE BACHET DE MEZIRIAC (1581 — 1630) aus dem Jahre 1621 — welche PIERRE FERMAT (1601—1655) zu einer der denkwürdigsten und weitreichendsten Bemerkungen aus der Geschichte der Mathematik veranlaßte (niedergeschrieben am Rande der Übersetzung):

„Cubum autem in duos cubos, aut quadrato-quadratum in duos quadrato-quadratos, et generaliter nullam in infinitum ultra quadratum potestatem in duas ejusdem nominis fas est dividere; cujus rei demonstrationem mirabilem sane detexi. Hanc marginis exiguitas non caperet."

„Es ist unmöglich, einen Kubus in zwei Kuben, oder ein Biquadrat in zwei Biquadrate und allgemein eine Potenz, höher als die zweite, in zwei Potenzen mit ebendenselben Exponenten zu zerlegen: Ich habe hierfür einen wahrhaft wunderbaren Beweis entdeckt, doch ist dieser Rand hier zu schmal, um ihn zu fassen."

Dieser *große Fermatsche Satz* besagt also, daß *die Gleichung*

(6) $a^n + b^n = c^n$

für eine natürliche Zahl n größer als 2 keine Lösung in positiven ganzen Zahlen besitzt.

Bis heute ist kein allgemeiner Beweis dieses Satzes gelungen, obwohl sich Generationen von Mathematikern mit diesem Problem beschäftigt haben. Es ist wohl richtiger anzunehmen, daß sich FERMAT mit seiner letzten Bemerkung geirrt hat. (Im Jahre 1908 hat

PAUL WOLFSKEHL eine Prämie von 100'000 Mark für den hinter-
lassen, welcher als erster einen Beweis liefert. Da sie durch die Infla-
tion nach dem ersten Weltkrieg beinahe verloren ging, beträgt ihr Wert
heute nur etwa ein Zehntel (vgl. [15] Lecture I, Abschnitt 7). Wie
auch H.M. EDWARDS in seinem Buch über das Fermatsche Problem
[5] darauf hinweist, ist der Preis nur für einen Beweis der Vermutung
ausgesetzt: ein Gegenbeispiel bringt keinen Pfennig ein!)

Einige Einzelfälle wurden schon recht früh erledigt: FERMAT
selbst bewies die Unlösbarkeit von (6) für $n = 4$, L. EULER für
$n = 3$ (1770), A. LEGENDRE für $n = 5$ (1825) und G. LAMÉ für
$n = 7$ (1839). Die bemerkenswertesten Resultate stammen jedoch
von E. KUMMER (1810–1893), der durch seine Untersuchungen
zum Fermatschen Problem die Entwicklung der algebraischen Zahlentheorie ganz entscheidend beeinflußt hat. Seine Methoden wurden in neuerer Zeit (1929ff.) vor allem durch Arbeiten von U.S.
VANDIVER, D.H. LEHMER und E. LEHMER verfeinert und ergänzt, so daß man bis heute unter Benützung von Computern die
Unlösbarkeit von (6) für alle $n \leqslant 125'000$ nachweisen konnte
(S.S. WAGSTAFF, 1976; man vergleiche hierzu [15] Lecture II:
Recent Results). Hält man sich vor Augen, daß die Zahl $2^{125'000}$
bereits 37'628 Stellen hat, so scheint das Suchen nach Gegenbei-
spielen ein hoffnungsloses Unterfangen!

Ähnliche Überlegungen, wie wir sie zur Bestimmung der Pythagoreischen Zahlentripel angestellt haben, zeigen auch hier, daß das
Fermatsche Problem darauf hinaus läuft, die *rationalen Lösungen*
der Gleichung

(7) $x^n + y^n = 1$

zu bestimmen. Betrachten wir auch die Kurve F_n in der Euklidschen
Ebene gegeben durch diese Gleichung, so erhalten wir qualitativ die
folgenden beiden Möglichkeiten, je nachdem ob n gerade oder ungerade ist:

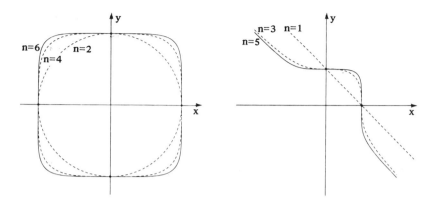

Fig. 4

Die Kurve F_n wird auch *Fermat-Kurve* vom Grad n genannt. Die Fermatsche Vermutung besagt nun, daß *auf einer Fermat-Kurve vom Grad größer als 2 die einzigen rationalen Punkte* (d.h. die Punkte mit rationalen Koordinaten) *die Schnittpunkte mit den Koordinatenachsen sind.*

Hier drängt sich unmittelbar die folgende allgemeine Frage auf:

Welches sind die rationalen Punkte auf der Kurve C der euklidschen Ebene gegeben und durch eine beliebige polynomiale Gleichung

(8) $C: \Sigma a_{ij} x^i y^j = 0$

mit ganzzahligen Koeffizienten a_{ij}?

Der *Grad* der Kurve C — das ist der maximale Grad $i + j$ der Monome $x^i y^j$, welche in der Gleichung (8) vorkommen — ist ein grobes Maß für die Kompliziertheit der Kurve. Es leuchtet ein, daß es bei hohem Grad schwierig ist, eine rationale Lösung von (8) zu finden.

Dies wird in der folgenden *Vermutung von MORDELL* noch präzisiert:

> *Eine Kurve vom Grad größer oder gleich vier hat nur endlich viele rationale Punkte.*

Dabei muß man allerdings von gewissen Ausartungsfällen absehen und die Kurve „genügend allgemein" annehmen[2]).

Über diese Mordellsche Vermutung ist kaum etwas bekannt; das einzige allgemeine Resultat in diese Richtung ist der *Satz von SIEGEL* ([16], 1929):

> *Auf einer „allgemeinen" Kurve vom Grad größer als 2 gibt es nur endlich viele ganzzahlige Punkte* (d.h. Punkte mit ganzzahligen Koordinaten, also ganzzahlige Lösungen von (8)).

Für Kurven mit kleinem Grad d ergibt sich das folgende Bild: Für $d = 1$ finden wir eine Gerade und damit unendlich viele rationale (und sogar ganzzahlige) Punkte. Der Grad $d = 2$ ergibt eine *Quadrik* (Ellipse, Parabel, Hyperbel); eine solche enthält entweder keinen oder unendlich viele rationale Punkte[3]). Man zeigt dies mit der gleichen geometrischen Methode, mit welcher wir früher die rationalen Punkte auf dem Einheitskreis bestimmt haben, und welche laut BAŠMAKOVA auch im allgemeinen Fall auf DIOPHANTOS zurückgeht ([1] §5): *Eine Gerade mit rationaler Steigung durch einen rationalen Punkt P einer Quadrik trifft diese in rationalen Punkten.* Durch Drehen der Geraden um den Punkt P erhält man so unendliche viele rationale Punkte:

---

[2]) Die mathematisch exakten Voraussetzungen sind die Singularitätenfreiheit der zugehörigen komplexen projektiven Kurve, welche damit eine Riemannsche Fläche vom Geschlecht $g > 1$ darstellt.

[3]) Dabei lassen wir die Ausartungsfälle außer Betracht, wo die Quadrik zu einem Punkte degeneriert, wie etwa im Falle der Gleichung $x^2 + y^2 = 0$.

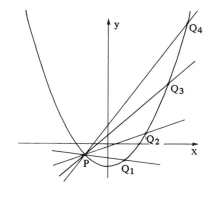

Fig. 5

Der Fall von Grad $d = 3$ liegt in gewissem Sinne dazwischen: Wie wir gesehen haben, hat die Fermat-Kurve F_3 vom Grad 3 nur zwei rationale Punkte, doch werden wir gleich ein Beispiel einer Kurve vom Grad 3 mit unendlich vielen rationalen Punkten vorführen. Hierzu verwenden wir in Verallgemeinerung der oben angegebenen Methode für Quadriken das folgende *Konstruktionsprinzip* (auch dieses findet sich schon bei DIOPHANTOS; vgl. [1] §6: diophantische Sekantenmethode):

Sind P und Q zwei rationale Punkte auf einer Kurve C vom Grad 3 und schneidet die Gerade durch P und Q die Kurve noch in einem weitere Punkt R, so ist R ebenfalls ein rationaler Punkt.

Der Beweis dieser Behauptung ist recht einfach: Ist

(9) $g: y = rx + s$

die Gleichung der Geraden durch P und Q, so sind r und s rationale

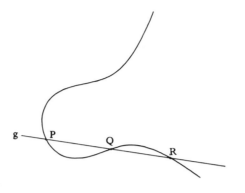

Fig. 6

Zahlen, denn sie lassen sich aus der Koordinate (x_P, y_P) und (x_Q, y_Q) von P und Q leicht ausrechnen:

$$r = \frac{y_P - y_Q}{x_P - x_Q}, \quad s = y_P - r x_P = \frac{x_P y_Q - y_P x_Q}{x_P - x_Q}.$$

Setzen wir (9) in die Gleichung der Kurve C ein, so erhalten wir für x eine Gleichung 3. Grades,

(10) $x^3 + ax^2 + bx + c = 0,$

mit rationalen Koeffizienten a, b und c. Nach Konstruktion sind die Lösungen dieser Gleichung gerade die x-Koordinaten der Schnittpunkte P, Q und R der Geraden g mit der Kurve C, also x_P, x_Q und x_R. Aus diesen Lösungen lassen sich aber die Koeffizienten der Gleichung wieder zurückgewinnen, ganz entsprechend wie wir das bei einer quadratischen Gleichung noch von der Schule her kennen. Es gilt zum Beispiel, daß die negative Summe der Lösungen gleich dem Koeffizienten von x^2 ist:

$$x_P + x_Q + x_R = -a.$$

Nach Voraussetzung sind x_P und x_Q rationale, also auch x_R, und damit auch $y_R = rx_R + s$, d.h. R ist ein rationaler Punkt, was zu zeigen war.

Wir wollen dieses Verfahren einmal an der Kurve E mit der Gleichung

(11) $E: y^2 = x^3 - 25x$

ausprobieren, ausgehend von den Punkten $P = (-5, 0)$, $Q = (0, 0)$, $R = (5, 0)$ und $S = (-4, 6)$:

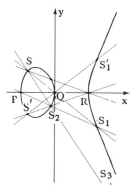

Fig. 7

Unter Benützung der Geraden $\overline{SQ}$ erhalten wir zunächst den Punkt S_1 mit den Koordinaten $\left(6\frac{1}{4}, -9\frac{3}{8}\right)$, dann den Punkt S_2 mit den Koordinaten $\left(\frac{5}{9}, -3\frac{19}{27}\right)$, weiter S_3 mit den Koordinaten $\left(12\frac{473}{961}, -40\frac{13790}{29791}\right)$ usw. Aus der Gleichung (11) lesen wir auch

noch ab, daß die Kurve E *symmetrisch bezüglich der x-Achse* liegt:
Mit jedem Punkt $T = (x_T, y_T)$ liegt auch der an der x-Achse gespie-
gelte Punkt $T' = (x_T, -y_T)$ auf der Kurve und es ist mit T auch T'
rational. Dies läßt sich in folgender Weise dem obigen Konstruktionsprinzip unterordnen: Wir ergänzen die Kurve E durch den *„uneigentlichen Punkt"* 0 in Richtung der y-Achse. Die Geraden durch 0 sind
dann die Parallelen zur y-Achse, und wir erhalten den Punkt T' als
„dritten Schnittpunkt" der Geraden durch 0 und T mit der Kurve E.
Zudem haben wir noch folgenden *Grenzfall* der obigen Konstruktion zur Verfügung: Anstelle der Geraden durch zwei rationale Punkte P und Q betrachten wir die *Tangente t* an die Kurve in einem rationalen Punkt P (d.h. wir lassen P und Q zusammenfallen). Eine
ähnliche Überlegung wie oben zeigt dann, daß der weitere Schnittpunkt von t mit der Kurve E ebenfalls rational ist (auch dies war bereits dem DIOPHANTOS bekannt; [1] §6: diophantische Tangen-
tenmethod).

Im obigen Beispiel hat man den Eindruck — und dies wird sich
auch als richtig herausstellen — daß das Konstruktionsverfahren
nicht abbricht und uns unendlich viele rationale Punkte auf der Kurve E liefert. Das einzige Hindernis wäre ja, wenn wir nach endlich
vielen Schritten wieder bei einem früheren Punkt landen, was aufgrund der immer komplizierter werdenden Nenner sehr unwahr-
scheinlich erscheint.

Das folgende Resultat wurde von H. POINCARÉ (1854 – 1912)
vermutet ([14], 1901), aber erst über zwanzig Jahre später von L.S.
MORDELL bewiesen ([9], 1922):

*Auf einer Kurve dritten Grades erhält man alle rationalen
Punkte aus endlich vielen mit Hilfe des oben beschriebenen
Konstruktionsverfahrens.*

Wie beim Satz von SIEGEL sollten wir uns auch hier die Kurve
durch Hinzunahme ihrer uneigentlichen Punkte „vervollständigt"

denken und zudem annehmen, daß sie allgemein genug ist (d.h. keine Singularitäten hat). Solche Kurven werden *elliptische Kurven* genannt[4]).

Der *Satz von MORDELL* wurde in mehrerer Hinsicht verallgemeinert: Anstelle der rationalen Punkte kann man die Punkte mit Koordinaten in einem vorgegebenen Zahlkörper betrachten; es ist auch möglich, die elliptische Kurve durch ein höherdimensionales Gebilde — eine sogenannte *Abelsche Varietät* — zu ersetzen. Diese Verallgemeinerungen gehen auf A. WEIL zurück und das Ergebnis wird heute *Satz von MORDELL–WEIL* genannt.

Um diese Rationalitätsfragen herum entstanden in den letzten 15 Jahren eine Reihe zum Teil phantastischer Vermutungen (B.J. BIRCH, H.P.F. SWINNERTON-DYER, J. TATE, A. OGG; man vergleiche hierzu den Übersichtsartikel [17]). Einige davon wurden kürzlich durch B. MAZUR in einer bahnbrechenden Arbeit ([8], 1976) in positivem Sinne geklärt. Es handelt sich dabei um Fragen zur „*Feinstruktur*" *der rationalen Punkte* auf elliptischen Kurven, auf die wir zum Schluß noch etwas näher eingehen möchten.

Hierzu betrachten wir eine elliptische Kurve E in der *Weierstraßschen Normalform*, d.h. gegeben durch eine Gleichung der Gestalt

(12) $E: y^2 = x^3 + ax^2 + bx + c$

---

[4]) Die Herkunft dieses Namens ist eine lange Geschichte. Schon im 17. Jahrhundert stieß man bei der Berechnung von Bogenlängen von Ellipsen und anderen Kurven auf Integrale der Gestalt $\int_0^\gamma \frac{dx}{\sqrt{f(x)}}$, $f(x)$ ein Polynom vom Grad $\leqslant 4$. Die ersten Untersuchungen dieser *elliptischen Integrale* gehen auf EULER zurück. ABEL und unabhängig von ihm auch JACOBI betrachten die Umkehrfunktionen dieser Integral – seit JACOBI *elliptische Funktionen* genannt. Diese erwiesen sich als zweifach periodische meromorphe Funktionen, welche eine Differentialgleichung der Form $X'^2 - f(X) = 0$ erfüllen. Aufgrund der Gestalt dieser Gleichung kann man nun zeigen, daß die elliptischen Funktionen gerade die meromorphen Funktionen auf elliptischen Kurven sind (aufgefaßt als kompakte Riemannsche Flächen).

mit ganzzahligen Koeffizienten *a, b* und *c*. Qualitativ erhält man folgende beiden Bilder, je nachdem ob das Polynom in *x* auf der rechten Seite der Gleichung (12) eine oder drei (reelle) Nullstellen hat (diese entsprechen den Schnittpunkten mit der *x*-Achse):

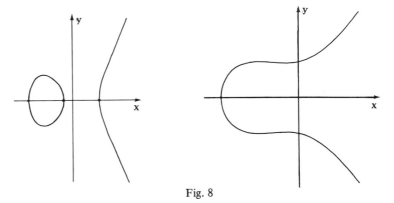

Fig. 8

Wiederum denken wir uns diese Kurven durch Hinzunahme eines „uneigentlichen Punktes *O* in Richtung der *y*-Achse" vervollständigt. Wir folgen nun H. POINCARÉ [14] und definieren auf der Kurve *E* eine Verknüpfung *P ∗ Q* für beliebige Punkte *P* und *Q: Man nehme den dritten Schnittpunkt der Geraden $\overline{PQ}$ mit der Kurve E und spiegle diesen an der x-Achse:*

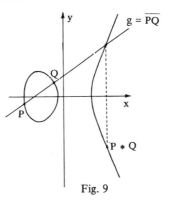

Fig. 9

Man sieht leicht, daß die Verknüpfung *kommutativ* ist (d.h.
$P * Q = Q * P$), das *neutrale Elemente O* besitzt (d.h.
$O * P = P = P * O$) und daß *Inverse* existieren (d.h. für einen Punkt
P und den an der x-Achse gespiegelten Punkt P' gilt
$P * P' = O = P' * P$). Etwas schwieriger ist der Nachweis der *Asso-ziativität*: es gilt $(P * Q) * R = P * (Q * R)$ für beliebige Punkte P, Q, R der Kurve. In der heute üblichen Sprache der Mathematik besagt dies gerade, daß *die Punkte der Kurve E mit der Verknüpfung * eine kommutative Gruppe bilden.*

Aus unseren früheren Überlegungen folgt aber auch, daß die Ver-knüpfung $P * Q$ von zwei rationalen Punkten wieder ein rationaler Punkt ist: Dies war gerade der Ausgangspunkt des Konstruktionsprin-zips für rationale Punkte. *Die rationalen Punkte E_{rat} der Kurve E bil-den also eine Untergruppe von E.* (Der uneigentliche Punkt O wird dabei immer als rational angenommen.)

Für den etwas geübten Leser ist es nun ein Leichtes einzusehen, daß wir den *Satz von MORDELL* jetzt folgendermaßen formulieren können:

> *Die rationalen Punkte einer elliptischen Kurve E bilden eine endlich erzeugbare kommutative Gruppe.*

Diese Formulierung hat nun einige Vorteile, denn für solche Gruppen stehen gewisse Struktursätze zur Verfügung. So läßt sich etwa die Gruppe E_{rat} darstellen als ein *Produkt einer endlichen Gruppe T_E mit endlich vielen unendlich-zyklischen Gruppen.* Die Anzahl dieser unendlich-zyklischen Faktoren heißt auch der *Rang der elliptischen Kurve E*; die endliche Gruppe T_E wird die *Torsionsgruppe* von E ge-nannt. Über den Rang sind bisher nur Einzelheiten bekannt. So hat A. NÉRON ([11], 1952) nachgewiesen, daß es eine Kurve mit Rang $\geqslant 10$ geben muß, allerdings ohne ein explizites Beispiel anzugeben. Solche Beispiele stammen von A. WIMAN ([20], 1948) für einen Rang von mindestens vier, von D.E. PENNEY und C. POMERANCE

([13], 1975) für einen Rang von mindestens sieben und von F.J. GRUNEWALD und R. ZIMMERT ([6], 1977) für einen Rang von mindestens acht[5]), etwa die Kurve mit der Gleichung

$$y^2 = x^2 + a\,x^2 + b\,x + c$$

mit

$$a = -\;3^2 \cdot 1487 \cdot 1873$$

$$b = \quad 2^5 \cdot 3^2 \cdot 5 \cdot 151 \cdot 14551 \cdot 33353$$

$$c = \quad 2^8 \cdot 3^4 \cdot 5^2 \cdot 7 \cdot 151^2 \cdot 193 \cdot 277 \cdot 156307$$

Das früher behandelte Beispiel (11) (Fig. 7) hat den Rang 1, die unendlich zyklische Untergruppe ist erzeugt vom Punkt $S = (-4,6)$. Dies ergibt sich aus einer Arbeit von R. WACHENDORF ([19], 1974), in welcher die Kurven mit den Gleichungen $y^2 = x^3 - p^2 x$, p eine Primzahl, untersucht werden.

Man weiss heute nicht, ob es elliptische Kurven mit beliebig hohem Rang gibt (obwohl dies stark vermutet wird). Man kann aber den Rang mit Hilfe der Koeffizienten a, b, c der Gleichung (12) abschätzen(genauer: mit Hilfe der Anzahl der verschiedenen Primteiler der einzelnen Koeffizienten [18]). Es ist deshalb nicht verwunderlich, daß die Beispiele mit hohen Rängen auch große Koeffizienten haben. Eine der oben erwähnten Vermutungen besagt in diesem Zusammenhang, daß der Rang der elliptischen Kurve E gleich der Ordnung der Nullstelle der sogenannten L-Reihe $L_E(z)$ der Kurve E an der Stelle $z = 1$ ist (BIRCH und SWINNERTON-DYER, [3]).

Betrachten wir zum Schluß die *Torionsgruppe* T_E; sie besteht aus

---

[5]) Mit einer Modifikation der Methode von GRUNEWALD und ZIMMERT fand K. NAKATA kürzlich ein Beispiel mit Rang ≥ 9 (manuscripta math. **29**, 1979).

den rationalen Punkten P endlicher Ordnung (d.h. die n-fache Verknüpfung $P * P * \ldots * P$ ist gleich 0 für ein geeignetes n). Diese Punkte heißen auch (rationale) *Torsionspunkte*. Auf Grund der Gestalt der Kurve erhält man zunächst folgende allgemeine Strukturaussage: *T_E ist entweder zyklisch oder ein Produkt der Gruppe $\mathbb{Z}_2$ der Ordnung 2 mit einer zyklischen Gruppe.* Dies kann man etwa folgendermaßen einsehen. Die (vervollständigte) Kurve E besteht aus einer oder zwei geschlossenen Linien (siehe Fig. 8), sieht also topologisch aus wie eine oder zwei Kreislinien. Dabei ist der Teil E^0, welcher den (uneigentlichen) Punkt 0 enthält, eine Untergruppe. Man zeigt nun, daß jede endliche Untergruppe von E^0 zyklisch ist, genauso wie man das für die Gruppe der Drehungen einer Kreislinie kennt. Liegt daher die Torsion T_E ganz in E^0, so ist T_E zyklisch; im anderen Fall ist T_E ein Produkt von $\mathbb{Z}_2$ mit der Gruppe T_E^0 der Torsionspunkte in E^0.

Über die Torsionsgruppe war schon recht früh einiges bekannt. So hat etwa T. NAGELL ([10], 1935) und später L. LUTZ ([7], 1937) das folgende interessante Resultat bewiesen, welches gleichzeitig eine Methode liefert, in konkreten Beispielen die Torsionspunkte explizit zu bestimmen.

Ist P ein (rationaler) Torsionspunkt der elliptischen Kurve E mit der Gleichung

$$y^2 = x^3 + ax^2 + bx + c,$$

so sind die Koordinaten x_P und y_P ganze Zahlen, und y_P ist entweder gleich Null oder ein Teiler der Diskriminante D der Kurve.

(Die Diskriminante ist ein polynomialer Ausdruck in den Koeffizienten der Gleichung und berechnet sich zu $D = 4a^3c - a^2b^2 - 18abc + 4b^3 + 27c^2$; ihr Nichtverschwinden ist notwendig und hinrei-

chend für die Singularitätenfreiheit der Kurve E.) Damit findet man
z.B. für die Kurve

$$E: y^2 = x^3 - 14x^2 + 81x,$$

daß die Torsion T_E zyklisch von der Ordnung 8 ist, erzeugt vom
Punkt $P = (3,12)$. Ein anderes Beispiel ist

$$E: y^2 = x^3 - 43x + 166$$

mit zyklischer Torsion von der Ordnung 7, erzeugt vom Punkt
$P = (3,8)$. Es ist ganz amüsant und gar nicht schwierig, selbst weitere
Beispiele hinzuschreiben und zu untersuchen.

Schon lange hat man vermutet — und dies wurde durch viele rech-
nerische Beispiele erhärtet — daß die Ordnung der Torsionsgruppe
beschränkt ist. So wußte man schon vor 1960, daß gewisse Ordnun-
gen gar nicht auftreten können, etwa Vielfache von $11,14,15,\ldots$
(vgl. [4]).

Im Jahre 1976 gelang nun B. MAZUR ([8]) der Durchbruch: *Die
Ordnung eines rationalen Torsionspunktes ist entweder 12 oder $\leqslant 10$.*
(Dies hat A. OGG [12] bereits 1974 vermutet.) Damit ist die Struk-
tur der Torsionsgruppe T_E vollständig geklärt.

> *Es gibt 15 Möglichkeiten: Entweder ist T_E zyklisch von der
> Ordnung 12 oder $\leqslant 10$, oder ein Produkt von $\mathbb{Z}_2$ mit einer
> zyklischen Gruppe der Ordnung 2,4,6 oder 8.*

Durch diese hervorragende Arbeit von B. MAZUR wurde ein Kapitel aus der Theorie der elliptischen Kurven abgeschlossen, sehr zur
Überraschung selbst einiger Experten, welche der Ansicht waren, daß
man an diesen Problemen noch einige Zeit zu arbeiten hätte. Man
darf sicher behaupten, daß diese Ergebnisse zu den interessantesten
mathematischen Arbeiten der letzten Jahre gehören. Es ist natürlich

in diesem Rahmen nicht möglich, auch nur eine Idee der Beweisme-
thoden von Mazur anzudeuten. Das war aber auch nicht die Absicht
meines Vortrages.

Ich wollte versuchen, einen kleinen Teil der Geschichte eines mathematischen Problemes dazulegen — von PYTHAGORAS über
DIOPHANTOS und die FERMATSCHE *Vermutung* zu den *rationalen Punkten elliptischer Kurven* — und zu zeigen, wie sich das Problem im Laufe der Entwicklung modifiziert, verallgemeinert und wieder spezialisiert hat, zu neuen Theorien Anlaß gegeben hat und teil-
weise gelöst werden konnte. Der Nichtmathematiker möge mir verzeihen, daß ich hin und wieder auf mathematische Begriffe und Formeln zurückgreifen mußte.

Literatur

(Ein ausführliches Literaturverzeichnis findet man in [4] und [17]. Zum Fermat'schen Problem vergleiche man [5] und [15].)

[1] BAŠMAKOVA, I.G.: Diophant und diophantische Gleichungen; UTB
Birkhäuser Verlag, Basel—Stuttgart (1974).
[2] BIERNATZKI, K.L.: Die Arithmetik der Chinesen: J.f. reine angew.
Math. **52** (1856).
[3] BIRCH, B.I., H.P.F. SWINNERTON-DRYER: Notes on elliptic curves
(II); J. reine angew. Math. **218** (1965).
[4] CASSELS, I.W.S.: Diophantine equations with special reference to elliptic; J. London Math. Soc. **41** (1966).
[5] EDWARDS, H.M.: Fermat's Last Theorem; Springer Graduate Texts
in Mathematics vol. **50**, Springer-Verlag, New York—Heidelberg—Berlin
(1977).
[6] GRUNEWALD, F.J., R. ZIMMERT: Über einige rationale elliptische Kurven mit freiem Rang ≥ 8; J.f. reine angew. Math. **266** (1977).
[7] LUTZ, E.: Sur L.equation $y^2 = x^3 - Ax - B$ dans les corps p-adiques: J.
Math. **177** (1937).
[8] MAZUR, B.: Modular curves and the Eisenstein ideal; Publ. Math. IHES
47 (1977).
[9] MORDELL, L.I.: On the rational solutions of the indeterminante equations of the third and forth degrees; Proc. Cambridge Phil. Soc. **21** (1922).

[10] NAGELL, T.: Solution de quelques problemès dans la théorie arithméti-
que des cubiques planes du premier genre; Vid. Akad. Skrifter Oslo I,
Nr. 1 (1935).

[11] NERON, A.: Problèmes arithmétiques et géométriques rattachés à la
notion de rang d'une courbe algébriques dans un coprs; Bull. Soc. Math.
France **80** (1952).

[12] OGG, A.P.: Diophantine equations and modular forms; Bull. Amer. Math.
Soc. **81** (1975).

[13] PENNEY, D.E., C. POMERANCE: Three elliptic curves with rank at
least seven; Math. Comp. **29** (1975).

[14] POINCARE, H.: Sur les propriétés arithmétiques des courbes algébriques.
J. de math. pures et appl. ser. **5**, t. **VII** (1901).

[15] RIBENBOIM, P;: 13 lectures on Fermat's Last Theorem; Springer Verlag,
New York−Heidelberg−Berlin (1979).

[16] SIEGEL, C.L.: Über einige Anwendungen diophantischer Approximationen; Abh. Preuss. Akad. Wiss. Phys.-Math. Kl. **1** (1929).

[17] TATE, J.T.: The arithmetic of elliptic curves; Invent. math. **23** (1974).

[18] TATE, J.T.: Rational Points on Elliptic Curves; Philips Lectures, Haver-
ford College (1961).

[19] WACHENDORF, R.: Über den Rang der elliptischen Kurve $y^2 = x^3 - p^2 x$;
Diplomarbeit Bonn (1974).

[20] WIMAN, A.: Über rationale Punkte auf Kurven dritter Ordnung vom
Geschlecht Eins; Acta Math. **80** (1948).

Historische Quellen neben [1], [4], [5], [15], [17]:

CANTOR, M.: Vorlesungen über Geschichte der Mathematik, 4 Bände; Leipzig (1900−1908).

DICKSON, L.E.: History of the theory of numbers; Carnegie Institution,
Washington (1919, 1920, 1923).

STRUIK, D.I.: Abriss der Geschichte der Mathematik; Vieweg, Braunschweig
(1967).

VAN DER WAERDEN, B.L.: Die Pythagoreer; Artemis Verlag (1979).

Encyclopedic Dictionary of Mathematics, ed. by Math. Soc. Japan; MIT Press,
Cambridge Mass. and London.

Jens Carsten Jantzen

Beziehungen zwischen
Darstellungstheorie und Kombinatorik

In diesem Beitrag soll versucht werden, Verbindungen zwischen zwei Gebieten der Mathematik zu schildern, zwischen der Darstellungstheorie und der Kombinatorik. Beginnen wir mit dem Allgemeinverständlichen, der zweiten Disziplin. Ein Kombinatoriker beschäftigt sich damit, alles mögliche mit endlichen Mengen anzustellen und sich dann zu fragen, wie oft er das tun kann. Als endliche Mengen bevorzugen wir hier Mengen der Gestalt $\{1,2,3,4,5,6,7,8,9\}$, allgemein $\{1,2,\ldots,n\}$ für eine positive ganze Zahl n.

Eine der am nächsten liegenden Möglichkeiten, sich mit solchen Mengen zu beschäftigen, ist es, sie in Unordnung zu bringen und in einer anderen Reihenfolge aufzuschreiben, etwa so:

$$\sigma: 3, 2, 5, 9, 1, 8, 7, 4, 6$$

allgemein in der Form $\sigma: \sigma(1), \sigma(2), \ldots, \sigma(n)$. Solche Umordnungen heißen Permutationen von $\{1, 2, \ldots, n\}$. Die erste kombinatorische Frage ist nun die nach der Anzahl der Permutationen von $\{1, 2, \ldots, n\}$. Die Antwort lautet

$$1 \cdot 2 \cdot \ldots \cdot n = n!$$

(für $n = 9$ also 362 880) und ist eine beliebte Übungsaufgabe zum Prinzip der vollständigen Induktion.

Es lassen sich aber noch einige weitergehende Fragen anschließen, zum Beispiel diese: Wie lang ist in der Folge $\sigma(1), \sigma(2), \ldots, \sigma(n)$ die längste aufsteigende Teilfolge? Wie findet man eine solche längste Teilfolge? In unserem Beispiel oben für $n = 9$ ist diese Länge gleich 3, und aufsteigende Teilfolgen größter Länge sind 1, 4, 6 und 2, 5, 9, auch 3, 5, 8 und noch zahlreiche andere Teilfolgen sind möglich. Noch eine weitere Frage drängt sich auf: Was ist die Anzahl $N(n, r)$ der Permutationen von $\{1, 2, \ldots, n\}$, bei denen die längste aufsteigende Teilfolge die Länge r hat? Geht man für $n = 9$ zum Beispiel alle (wie gesagt 362 880) Permutationen durch, so erhält man die folgende Tabelle:

r	1	2	3	4	5	6	7	8	9
$N(9, r)$	1	4 861	89 497	167 449	83 029	16 465	1 513	64	1

Eine allgemeine Antwort auf alle diese Fragen fand C. Schensted etwa 1959/60. Dazu ordnete er einer Permutation andere kombinatorische Objekte zu: eine Partition und zwei Standardtableaus. Erklären wir zunächst diese Begriffe! Eine Partition einer positiven ganzen Zahl n ist eine absteigende Folge $\lambda = (\lambda_1, \lambda_2, \ldots, \lambda_s)$ positiver ganzer Zahlen mit Summe gleich n:

$$\lambda_1 \geqslant \lambda_2 \geqslant \ldots \geqslant \lambda_s > 0, \lambda_1 + \lambda_2 + \ldots + \lambda_s = n.$$

Zum Beispiel ist $(3, 3, 2, 1)$ eine Partition von 9; es gibt insgesamt 30 Partitionen von 9 und 3 972 999 029 388 von 200.

Einer Partition $\lambda = (\lambda_1, \lambda_2, \ldots, \lambda_s)$ ordnet man nun das (Youngsche) Diagramm vom Typ λ zu: Man stellt λ_1 Kästen in einer Zeile neben einander, dann λ_2 Kästen in einer zweiten Zeile unter der ersten, λ_3 Kästen in einer dritten Zeile und so weiter. Dabei sollen jeweils die ersten Kästen jeder Zeile unter einander stehen, ebenso die zweiten Kästen usw. Für $\lambda = (3, 3, 2, 1)$ erhalten wir das folgende Diagramm.

Füllen wir in ein Diagramm vom Typ λ Zahlen ein, in jeden Kasten eine, so daß in jeder Zeile nach rechts und in jeder Spalte nach
unten die Zahlen echt wachsen, so nennen wir das so gefüllte Diagramm ein Tableau vom Typ λ. So sind

1	5	7
2	8	
3	9	

1	3	4
2	6	
5	7	

2	6	42
3	9	
5	11	

drei Tableaus vom Typ (3, 2, 2). Ist λ eine Partition von n, so nennen wir ein Tableau vom Typ λ ein Standardtableau, wenn in ihm gerade die Zahlen von 1 bis n eingetragen sind. Von den drei Beispielen oben ist nur das mittlere ein Standardtableau; dagegen sind

1	4	6
2	5	7
3	8	
9		

1	3	4
2	6	9
5	7	
8		

beide Standardtableaus — vom Typ (3, 3, 2, 1) —, und zwar wird sich
zeigen, daß dies gerade die beiden Standardtableaus sind, die Schensted der anfangs als Beispiel angegebenen Permutation σ zuordnet.

Die Schenstedsche Konstruktion wird iterativ durchgeführt: Es
wird jedem „Anfangsstück" der Folge (im Beispiel also 3 / 3,2 /
3, 2, 5 / 3,2,5,9 / . . .) nacheinander ein Tableau zugeordnet. Dies ge-
schieht nach einer Regel, die angibt, wie man aus einem Tableau zu
einem Anfangsstück das zum nächsten erhält. Die Prozedur beginnt
mit einem Tableau vom Typ (1), in dessen einzigen Kasten man die
erste Zahl der Folge schreibt. Wir wollen die Regel anhand eines Bei-
spiels erläutern; es stellt sich heraus, daß dem Anfangsstück 3,2,5,9,
1,8,7 das folgende Tableau zugeordnet wird.

1	5	7
2	8	
3	9	

Das Tableau zu 3,2,5,9,1,8,7,4 erhält man nun so: Man nimmt die neue Zahl (also 4) und betrachtet die erste Zeile des Tableaus. Ist die neue Zahl größer als alle Zahlen darin, so fügen wir an die erste Zeile rechts einen neuen Kasten an, schreiben die neue Zahl hinein und sind fertig. Ist dies aber nicht der Fall (wie hier wegen der 5 und der 7), so nehmen wir die kleinste Zahl in der ersten Zeile, die größer als die neue Zahl ist (hier die 5), und ersctzen sie durch die neue Zahl (hier die 4). Nun nehmen wir die Zahl m, die wir gerade aus der ersten Zeile entfernt haben, und gehen mit ihr in die zweite Zeile: Sind alle Zahlen in der zweiten Zeile kleiner als

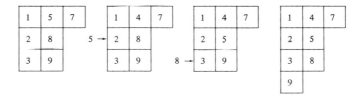

m, so verlängern wir die zweite Zeile um einen Kasten, schreiben m hinein und sind fertig. Sonst nehmen wir die kleinste Zahl in der zweiten Zeile, die größer als m ist (hier 8), ersetzen sie durch m (hier 5) und gehen mit der rausgenommenen Zahl in die dritte Zeile. Dies Verfahren iterieren wir, bis wir schließlich einmal einen Kasten an eine Zeile anhängen oder bis wir eine Zahl aus der letzten Zeile des Tableaus entnehmen (wie hier die 9 aus der dritten Zeile). In diesem Fall fügen wir dem Tableau eine neue Zeile an, die aus genau einem Kasten (in der ersten Spalte) besteht, in den wir die aus der letzten Zeile entfernte Zahl schreiben. Bei der Folge 3,2,5,9,1,8,7,4,6 erhält man so nacheinander die folgenden Tableaus:

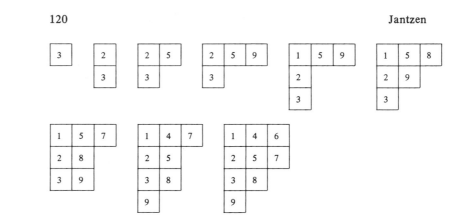

Es ist nicht schwer, sich zu überlegen, daß bei dieser Prozedur wirklich bei jedem Schritt Tableaus entstehen, daß also die Zeilenlänge von oben nach unten nie zunimmt und daß in jeder Spalte nach unten, in jeder Zeile nach rechts die Zahlen wachsen. Am Ende der Konstruktion sind alle Zahlen $1, 2, \ldots, n$ der Folge σ untergebracht, und wir haben ein Standardtableau erhalten, das wir mit $A(\sigma)$ bezeichnen wollen. Gleichzeitig finden wir aber noch ein weiteres Standardtableau $B(\sigma)$ vom selben Typ wie $A(\sigma)$. Man nimmt dazu das entsprechende Diagramm und schreibt in jeden Kasten hinein, beim wievielten Schritt der Konstruktion von $A(\sigma)$ dieser Kasten hinzugefügt wurde. In unserem Beispiel ist also

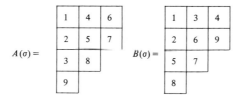

Nun können wir unsere erste Frage beantworten: Eine aufsteigende Teilfolge größter Länge von σ ist genauso lang wie die erste Zeile des Tableaus $A(\sigma)$. Man erhält eine solche Teilfolge, deren Länge wir mit r bezeichnen wollen, nach dem folgenden Rezept: Man greife aus

der Folge der Tableaus, die den verschiedenen Anfangsstücken von σ entsprechen, eines heraus, dessen erste Zeile schon r Kästen lang ist (in unserem Beispiel etwa das vorletzte), und nenne die Zahl a_r, die hier im r-ten Kasten der ersten Zeile steht (hier: $a_r = 7$). Nun gehen wir zu dem Tableau zurück, das wir hatten, bevor wir a_r hineinbrachten (hier zum sechsten), und setzen a_{r-1} gleich der Zahl, die in diesem Tableau in der ersten Zeile an $(r-1)$-ter Stelle steht. Dann nimmt man das Tableau von vor dem Einbringen von a_{r-1} (im Beispiel das zweite) und nennt das $(r-2)$-te Element der ersten Zeile darin a_{r-2}. So macht man weiter und erhält eine aufsteigende Teilfolge $a_1, a_2, \ldots, a_r$ von σ (hier: 2,5,7). Es ist nicht schwer zu zeigen, daß es keine längere gibt.

In unserem Beispiel ist auch die erste Zeile von $A(\sigma)$ selbst, nämlich 1,4,6, eine aufsteigende Teilfolge. Dies ist aber ein Zufall; nimmt man etwa die Folge

$$\sigma^*: 6, 4, 7, 8, 1, 9, 5, 2, 3$$

so erhält man

$A(\sigma^*) =$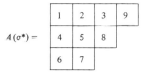

und 1,2,3,9 ist keine aufsteigende Teilfolge von σ^* (wohl aber 4,7, 8,9). Die hier betrachtete Folge σ^* erhält man, indem man unsere Beispielsfolge σ rückwärts aufschreibt. Diese Konstruktion läßt sich natürlich für jede Permutation σ durchführen, und Schensted hat gezeigt, daß dann $A(\sigma^*)$ aus $A(\sigma)$ durch „Spiegelung an der Diagonalen" entsteht, das heißt, die erste (bzw. zweite, . . .)Spalte von $A(\sigma)$ wird zur ersten (bzw. zweiten, . . .)Zeile von $A(\sigma^*)$. Das Beispiel oben illustriert dies Ergebnis. Es folgt daraus, daß man an $A(\sigma)$ auch die Länge einer längsten absteigenden Teilfolge ablesen kann: Dies ist die Länge der ersten Spalte von $A(\sigma)$. Nach C. Greene kann man übrigens auch die Längen der übrigen Zeilen und Spalten von $A(\sigma)$ kombinatorisch interpretieren.

Nachdem wir nun für jede Permutation längste aufsteigende Teilfolgen bestimmen können, kommen wir zur nächsten Frage: Wie groß ist die Anzahl $N(n, r)$ der Permutationen von $\{1, 2, \ldots, n\}$, bei denen solche längste Teilfolgen gerade die Länge r haben? Hier wird nun das zweite Standardtableau $B(\sigma)$ wichtig. Es ist nämlich σ durch das geordnete Paar $A(\sigma)$, $B(\sigma)$ eindeutig bestimmt. So sagt in unserem Beispiel $B(\sigma)$, daß beim letzten Schritt der Konstruktion von $A(\sigma)$ die zweite Zeile um einen Kasten verlängert wurde. Damit kennen wir die Gestalt des vorletzten Tableaus und wissen auch, daß die zweite Zeile – bis auf den einen Kasten – und alle folgenden Zeilen des vorletzten und des letzten Tableaus übereinstimmen. Außerdem muß beim letzten Schritt die 7 aus der ersten Zeile vertrieben worden sein, und zwar offensichtlich von der größten Zahl, die kleiner als 7 ist und im letzten Tableau in der ersten Teile steht, also von der 6. Daher ist 6 die letzte Zahl der Folge, und die erste Zeile des vorletzten Tableaus entsteht aus der des letzten, indem wir die 6 durch 7 ersetzen. Nun ist das vorletzte Tableau vollständig bestimmt, und wir können das Verfahren iterieren.

Mit einer solchen Überlegung erhält man aber nicht nur die Eindeutigkeit, sondern auch eine Existenzaussage: Ist λ eine Partition von n und sind A, B Standardtableaus vom Typ λ, so gibt es genau eine Permutation σ von $\{1, 2, \ldots, n\}$ mit $A(\sigma) = A$ und $B(\sigma) = B$. Wir haben also eine eineindeutige Zuordnung von der Menge $\mathfrak{S}_n$ der Permutation von $\{1, 2, \ldots, n\}$ auf die Menge der Paare von Standardtableaus vom gleichen Typ, wobei der Typ die Partitionen von n durchläuft.

Bezeichnen wir für eine Partition λ die Anzahl der Standardtableaus vom Typ λ mit N_λ, so ist N_λ^2 die Anzahl der Paare von Standardtableaus vom Typ λ. Damit können wir die Antwort auf unsere Frage formulieren: Die gesuchte Anzahl $N(n, r)$ ist gleich ΣN_λ^2, wobei über alle Partitionen $\lambda = (\lambda_1 \geqslant \lambda_2 \geqslant \ldots)$ von n mit $\lambda_1 = r$ summiert wird.

Nun würde uns diese Formel nicht viel nützen, gäbe es keine einfache Methode, um N_λ zu berechnen. Da konnte Schensted aber eine 1954 erschienene Arbeit von J.S. Frame, G. de B. Robinson & R.M. Thrall zitieren, die eine sehr einfache Formel für N_λ angaben. Dazu ordnet man jedem Kasten im Diagramm vom Typ λ einen „Haken" zu, der aus den Kästen in derselben Zeile rechts von ihm, in derselben Spalte unter ihm und ihm selbst besteht. Unten links ist solch ein Haken schraffiert eingezeichnet.

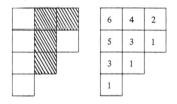

Die Anzahl der Kästen in solch einem Haken heißt Hakenlänge. Wir haben also jedem Kasten im Diagramm vom Typ λ einen Haken und damit auch eine Hakenlänge zugeordnet. Oben rechts sind diese Längen im Fall $\lambda = (3,3,2,1)$ eingetragen. Das Ergebnis von Frame, Robinson & Thrall lautet nun:

$$N_\lambda = \frac{n!}{\text{Produkt aller Hakenlängen}}$$

In unserem Beispiel ist also $N_{(3,3,2,1)} = 9! \, / \, (2 \cdot 4 \cdot 6 \cdot 3 \cdot 5 \cdot 3)$ $= 168$.

Es ist schade, daß Schensted nicht auch eine ältere Arbeit von G. de B. Robinson aus dem Jahr 1938 kannte, in der die Konstruktion von $A(\sigma)$ und $B(\sigma)$ auch schon angegeben wurde und wegen der diese Zuordnung nun Robinson-Schensted-Korrespondenz heißt. Robinson interessierte sich nun nicht für auf- oder absteigende Teilfolgen, sondern für die Darstellungstheorie der symmetrischen Gruppen.

Von daher kam auch sein Interesse an den Zahlen N_λ.

Damit ist nun der Zeitpunkt gekommen, um über Darstellungstheorie zu reden. Dazu muß ich nun etwas mehr voraussetzen, so,
daß Sie wissen, was eine Gruppe ist, daß zum Beispiel die Menge $\mathfrak{S}_n$
der Permutationen von $\{1, 2, \ldots, n\}$ eine Gruppe – die symmetrische Gruppe – unter $(\sigma\tau)\,(j) = \sigma(\tau(j))$ bilden oder die Menge
$GL_n(\mathbb{C})$ der invertierbaren $n \times n$-Matrizen $(a_{ij})_{1 \leqslant i,j \leqslant n}$ mit komplexen Koeffizienten a_{ij} unter der Matrixmultiplikation. Wir brau-
chen also Stoff aus dem ersten Semester eines Mathematik-Studiums.

Eine n-dimensionale (komplexe) Darstellung einer Gruppe G ist
nun eine Abbildung, die jedem Gruppenelement g eine Matrix
$M(g)$ aus $GL_n(\mathbb{C})$ zuordnet,

$$g \to M(g) = \begin{pmatrix} m_{11}(g) & m_{12}(g) & \ldots & m_{1n}(g) \\ m_{21}(g) & m_{22}(g) & \ldots & m_{2n}(g) \\ & & & \\ \cdot & \cdot & & \cdot \\ \cdot & \cdot & & \cdot \\ \cdot & \cdot & & \cdot \\ m_{n1}(g) & m_{n2}(g) & \ldots & m_{nn}(g) \end{pmatrix} \in GL_n(\mathbb{C})$$

so daß $M(g)\,M(h) = M(gh)$ für alle g und h in G gilt. Dann ist insbesondere $M(1)$ die $n \times n$-Einheitsmatrix. (Es ist hier immer $n > 0$.)

Triviale Beispiele sind etwa die identische Darstellung von $GL_n(\mathbb{C})$
mit $M(g) = g$ oder die „triviale n-dimensionale Darstellung" mit
$M(g) = M(1)$ für alle Elemente g einer beliebigen Gruppe G. Ein immer noch sehr einfaches Beispiel ist die n-dimensionale Darstellung
der symmetrischen Gruppe $\mathfrak{S}_n$, bei der wir einer Permutation σ die
Matrix $M(\sigma)$ zuordnen, in der jeweils an der $\sigma(i)$-ten Stelle der i-ten
Spalte eine 1 steht (für $1 \leqslant i \leqslant n$) und sonst überall Nullen. Interpretieren wir komplexe $n \times n$-Matrizen als lineare Abbildung des $\mathbb{C}^n$ in
sich und ist $e_1, e_2, \ldots, e_n$ die kanonische Basis des $\mathbb{C}^n$, so gilt dann
$M(\sigma)(e_i) = e_{\sigma(i)}$. Die Determinante von $M(\sigma)$ wird gewöhnlich Sig-

natur sign(σ) von σ genannt. Die Abbildung $\sigma \to \text{sign}(\sigma)$ ist ein Homomorphismus von $\mathfrak{S}_n$ in die multiplikative Gruppe der komplexen Zahlen, also in $GL_1(\mathfrak{C})$, und läßt sich daher als eindimensionale Darstellung von $\mathfrak{S}_n$ interpretieren.

Weitgehende Information über eine Darstellung $g \to M(g)$ eine Gruppe G enthält der Charakter χ_M der Darstellung; das ist die komplexwertige Funktion auf G mit:

$$\chi_M(g) = \text{Spur}(M(g)) = \sum_{i=1}^{n} m_{ii}(g).$$

Insbesondere ist $\chi_M(1) = n$ die Dimension der Darstellung. Bei der oben angegebenen Darstellung der symmetrischen Gruppe zum Beispiel $\chi_M(\sigma)$ die Anzahl der i in $\{1, 2, \ldots, n\}$ mit $\sigma(i) = i$. Bei der trivialen n-dimensionalen Darstellung ist stets $\chi_M(g) = n$ für alle g.

Man nennt χ_M einen irreduziblen Charakter, wenn es keine anderen Charaktere χ_1, χ_2 von (notwendigerweise niedriger dimensionalen) Darstellungen mit $\chi_M(g) = \chi_1(g) + \chi_2(g)$ für alle g in G gibt. Charaktere eindimensionaler Darstellungen sind danach immer irreduzibel. Ist χ_n der Charakter der n-dimensionalen trivialen Darstellung einer Gruppe G, so ist $\chi_n(g) = n\chi_1(g)$; daher ist χ_n nur für $n = 1$ irreduzibel. Der Charakter der oben beschriebenen n-dimensionalen Darstellung von S$_n$ ist für $n > 1$ nicht irreduzibel. Faßt man nämlich $M(\sigma)$ wieder als lineare Abbildung des C^n auf und schreibt nun die Matrix relativ der Basis
$e_1 + e_2 + \ldots + e_n, e_1 - e_2, e_2 - e_3,$
$\ldots, e_{n-1} - e_n$ auf, so erhält man Matrizen von der rechtsstehenden Gestalt. Dabei ist $\sigma \to M'(\sigma)$ nun eine $(n-1)$-dimensionale Darstellung, und es gilt $\chi_M(\sigma) = \chi_{M'}(\sigma) + \chi_1(\sigma)$, wobei χ_1

$$\begin{pmatrix} 1 & 0 & 0 & \ldots & 0 \\ 0 & & & & \\ 0 & & & M'(\sigma) & \\ & & & & \\ 0 & & & & \end{pmatrix}$$

der Charakter der trivialen eindimensionalen Darstellung ist. Man benutzt dazu, daß sich die Spur beim Übergang von einer Basis zur anderen nicht ändert. Der Charakter $\chi_{M'}$ ist nun irreduzibel. Dies trifft auch auf den Charakter der identischen Darstellung von $GL_n(\mathfrak{C})$ zu. (Wir wollen hier nur solche Darstellungen von $GL_n(\mathfrak{C})$ zulassen, bei denen die Matrixkoeffizienten $m_{ij}(g)$ analytische Funktionen in den Matrixkoeffizienten g_{kl} von g sind.)

Eine Hauptaufgabe der Darstellungstheorie ist nun die Bestimmung aller irreduziblen Charaktere einer vorgegebenen Gruppe. (Alle anderen Charaktere sind dann Summen von irreduziblen.) Die ersten nichttrivialen Fälle, in denen dies Problem gelöst wurde, waren zu Anfang dieses Jahrhunderts die Gruppen $\mathfrak{S}_n$ und $GL_n(\mathfrak{C})$.

G. Frobenius zeigte, daß die irreduziblen Charaktere von $\mathfrak{S}_n$ eineindeutig den Partitionen λ von n entsprechen. Heißt der λ zugeordnete Charakter χ_λ, so ist die Dimension der zugehörigen Darstellung gleich $\chi_\lambda(1) = N_\lambda$. Die Robinson-Schensted-Korrespondenz zeigt nun

$$n! = \sum_\lambda \chi_\lambda(1)^2,$$

das heißt, die Ordnung der Gruppe $\mathfrak{S}_n$ ist die Summe der Quadrate der Dimensionen der irreduziblen Charaktere. Dies ist ein allgemeiner Satz für endliche Gruppen, von denen die zu Anfang des Vortrags geschilderten Methoden im Fall $\mathfrak{S}_n$ einen elementaren kombinatorischen Beweis geben. (Bei der Zuordnung $\lambda \to \chi_\lambda$ entspricht zum Beispiel der Partition $\lambda = (n)$ der Charakter der eindimensionalen trivialen Darstellung, und es ist $\chi_{(n-1,1)}$ gleich dem oben auftretenden $\chi_{M'}$.)

Das Ergebnis von Frobenius war aber noch präziser. Er betrachtete zu einer Partition $\lambda = (\lambda_1 \geqslant \lambda_2 \geqslant \ldots \geqslant \lambda_s)$ zwei Funktionen in $m \geqslant n$ Variablen $X_1, X_2, \ldots, X_m$:

$$S_\lambda(X_1, X_2, \ldots, X_m) = \prod_{i=1}^{s} (X_1^{\lambda_i} + X_2^{\lambda_i} + \ldots + X_m^{\lambda_i})$$

und

$$U_\lambda(X_1, X_2, \ldots, X_m) = \sum_{\tau \in S_m} \frac{\text{sign}(\tau) X_{(1)}^{\lambda_1 + m - 1} X_{(2)}^{\lambda_2 + m - 1} \ldots X_{(m)}^{\lambda_m}}{\prod_{1 \leqslant i < j \leqslant m} (X_i - X_j)};$$

dabei wird $\lambda_j = 0$ für $j > s$ gesetzt. Es sind S_λ und U_λ symmetrische Polynome in $X_1, X_2, \ldots, X_m$ (für U_λ folgt dies aus einer Identität von Jacobi und Trudi), und man kann sie durcheinander ausdrücken:

(1) $\quad S_\mu = \sum_\lambda \chi_\lambda^\mu U_\lambda$.

Frobenius gibt nun zu jeder Permutation $\sigma \in \mathfrak{S}_n$ eine Partition μ mit $\chi_\lambda(\sigma) = \chi_\lambda^\mu$ für alle λ an. (Man schreibt σ als Produkt disjunkter Zykel und nennt $\mu_1 \geqslant \mu_2 \geqslant \ldots \geqslant \mu_s$ die Längen dieser Zyklen; dann ist $\mu = (\mu_1, \mu_2, \ldots, \mu_s)$ die richtige Partition.)
    Man kann (1) als Gleichungssystem ansehen, das es zu lösen gilt. Man hat eine schöne Lösung für $\mu = (n)$; da erhält man

$$S_{(n)} = \sum_{i=0}^{n} (-1)^i U_{(n-i, 1, 1, \ldots, 1)}.$$

Nun ist offenbar S_μ das Produkt der $S_{(\mu_i)}$. Zur allgemeinen Berechnung der χ_λ^μ wäre also eine Produktformel für die U_λ nützlich, also eine Gleichung

(2) $\quad U_\lambda U_\mu = \sum_\nu c_{\lambda, \mu}^\nu U_\nu$.

(Ist λ eine Partition von n_1 und μ eine von n_2, so wird hier über die Partitionen ν von $n_1 + n_2$ summiert.)
    Eine Lösung des Gleichungssystems (2) ist auch aus anderen Gründen wünschenswert. I. Schur zeigte 1901: Ist $\lambda = (\lambda_1, \lambda_2, \ldots, \lambda_s)$

eine Partition mit $s \leqslant m$, so erhalten wir einen irreduziblen Charakter von $GL_m(\mathbb{C})$, wenn wir jeder Matrix g die Zahl $U_\lambda(\xi_1, \xi_2, \ldots, \xi_m)$ zuordnen, wobei $\xi_1, \xi_2, \ldots, \xi_m$ die Eigenwerte von g sind. Außerdem sind diese Funktionen im wesentlichen alle irreduziblen Charaktere von $GL_m(\mathbb{C})$. Daher lassen sich die $c_{\lambda,\mu}^\nu$ auch als Multiplizitäten in Tensorprodukten von Darstellungen von $GL_m(\mathbb{C})$ interpretieren. Man sieht so auch, daß sie nichtnegative ganze Zahlen sein müssen.

Eine andere Quelle des Interesses an den $c_{\lambda,\mu}^\nu$ ist die Tatsache, daß sie die Multiplikation im Kohomologiering einer Grassmannschen Mannigfaltigkeit beschreiben.

Kommen wir nun zur Bestimmung der $c_{\lambda,\mu}^\nu$. Man beweist zunächst, daß diese Zahl 0 ist, außer wenn $\lambda_1 \leqslant \nu_1$, $\lambda_2 \leqslant \nu_2, \ldots$ ist. Sind diese Bedingungen erfüllt, so kann man „schiefe Standardtableaus vom Typ ν/λ definieren. Dazu nimmt man aus einem Diagramm vom Typ ν die ersten λ_1 Kästen der ersten Zeile, die ersten λ_2 Kästen der zweiten Zeile usw. heraus. Es bleibt ein Diagramm übrig, das etwa für $\nu = (5,4,2,2)$ und $\lambda = (3,2,1)$ so aussieht:

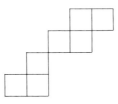

Füllt man nun in dieses Diagramm die Zahlen von 1 bis $(\nu_1 - \lambda_1) + (\nu_2 - \lambda_2) + \ldots$ ein, so daß in jeder Spalte nach unten und in jeder Zeile nach rechts die Zahlen wachsen, so nennen wir das Ergebnis ein schiefes Standardtableau vom Typ ν/λ. Ein Beispiel für ν und λ wie oben ist:

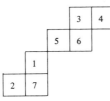

Aus einem solchen schiefen Standardtableau läßt sich ein normales Standardtableau gewinnen. Man nimmt dazu im Diagramm vom Typ λ einen Kasten, der an letzter Stelle sowohl in seiner Zeile als auch in seiner Spalte steht. Die Stelle dieses Kastens ist im Diagramm vom Typ ν/λ frei (im Beispiel etwa die zweite Stelle der zweiten Zeile). Nun nimmt man den Kasten direkt rechts oder direkt unter dieser Stelle, der die kleinere Zahl enthält, oder den einzigen, wenn es nur einen gibt, und schiebt ihn an die betrachtete Stelle. Dabei erhalten wir eine neue freie Stelle. Steht rechts von ihr und unter ihr nichts mehr, so sind wir vorerst fertig. Sonst nehmen wir den Kasten direkt rechts oder direkt unter der freien Stelle mit der kleineren Zahl darin (oder den einzigen) und schieben ihn an die freie Stelle. Das Verfahren iterieren wir solange, bis rechts von und unter einer entstehenden freien Stelle keine Kästen mehr stehen. Wir haben so ein neues schiefes Standardtableau erhalten. In unserem Beispiel sieht das so aus (die freien Stellen sind durch ● gekennzeichnet):

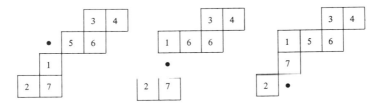

Hier ist das neue Standardtableau vom Typ (5,4,2,1)/(3,1,1). Das gerade geschilderte Verfahren läßt sich nun wiederholen, und zwar solange, bis wir ein normales Standardtableau erhalten. Das Ergebnis ist unabhängig von der Wahl der Stellen, bei denen wir bei unseren

Iterationsschritten ansetzen. In unserem Beispiel ergibt eine Fortsetzung:

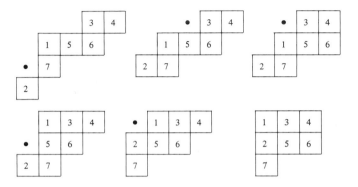

Das Ergebnis lautet nun: Man nehme ein festes Standardtableau T vom Typ μ und zähle die schiefen Standardtableaus vom Typ ν/λ, die bei dem gerade geschilderten Verfahren in T übergeführt werden. Ihre Anzahl ist $c_{\lambda,\mu}^{\nu}$.

Bei dieser Formulierung des Ergebnisses bin ich M.P. Schützenberger gefolgt. Es geht auf D.E. Littlewood und A. R. Richardson zurück, die 1934 eine Regel angaben, die in unserer Terminologie darauf hinausläuft, die schiefen Standardtableaus genauer zu beschreiben, die das „offensichtliche" Standardtableau vom Typ μ ergeben: $1, 2, \ldots, \mu_1$ in der ersten Zeile, $\mu_1 + 1, \mu_1 + 2, \ldots, \mu_1 + \mu_2$ in der zweiten, und so weiter. Ihre Arbeit enthielt keinen Beweis; den gab erst G. de B. Robinson 1938 in dem Aufsatz, in dem sich auch die anfangs beschriebene Konstruktion von $A(\sigma)$ findet. Sie läßt sich nun als Spezialfall der zuletzt betrachteten Prozedur auffassen: Eine Permutation σ von $\{1, 2, \ldots, n\}$ können wir mit einem schiefen Standardtableau vom Typ $(n, n-1, \ldots, 1)/(n-1, n-2, \ldots, 1)$ identifizieren:

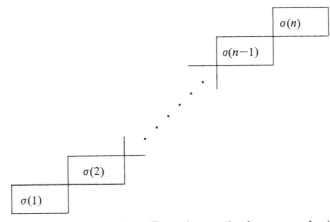

Die zuletzt beschriebene Prozedur macht daraus gerade $A(\sigma)$.

Die bisher geschilderten Beziehungen zwischen Kombinatorik und Darstellungstheorie bestanden vor allem darin, daß kombinatorische Ergebnisse nutzbringend in der Darstellungstheorie angewendet werden konnten, daß aus der Darstellungstheorie Impulse für die kombinatorische Forschung kamen und daß bisweilen (wie in der Formel für N_λ) kombinatorische Fragen von Darstellungstheoretikern gelöst wurden. In den letzten Jahren hat sich nun eine neue Entwicklung gezeigt: Man konnte mit Hilfe der Darstellungstheorie einige alte kombinatorische Formeln neu beweisen und fand zahlreiche neue Formeln.

Erinnern wir uns noch einmal an die Funktionen U_λ. Sie gaben nach Schur im wesentlichen alle irreduziblen Charaktere der Gruppe $GL_m(\mathbb{C})$. Dabei entspricht die Partition $\lambda = (0)$ der trivialen eindimensionalen Darstellung, deren Charakter überall den Wert 1 annimmt. Daher muß $U_{(0)} = 1$ sein, also

$$\prod_{1 \leqslant i < j \leqslant m} (X_i - X_j) = \sum_{\tau \in S_m} \operatorname{sign}(\tau) X_{\tau(1)}^{m-1} X_{\tau(2)}^{m-2} \cdots X_{\tau(m-1)}^{1} X_{\tau(m)}^{0}.$$

Dies ist nun gerade die Formel für die Vandermondesche Determinante, die wir hier mit Hilfe der Darstellungstheorie neu bewiesen hätten, wäre diese Formel nicht in Schurs Arbeit entscheidend benutzt worden.

Nun kann man statt der Gruppe $GL_m(\mathbb{C})$ oder statt ihrer Lie-Algebra $\mathfrak{gl}(m, \mathbb{C})$, was für die Darstellungstheorie keinen großen Unterschied macht, eine Reihe von unendlich dimensionalen Lie-Algebren betrachten (die euklidischen Kac-Moody-Algebren, die im wesentlichen wie $\mathfrak{g} \otimes \mathbb{C}[X, X^{-1}]$, aufgefaßt als $\mathbb{C}$-Lie-Algebra, aussehen; dabei ist $\mathfrak{g}$ eine einfache, endlich-dimensionale Lie-Algebra über $\mathbb{C}$ und X eine Veränderliche). Man erhält für jede dieser Lie-Algebren eine Charakterformel mit einem Nenner, der wie bei $GL_m(\mathbb{C})$ eine Identität in mehreren Variablen liefert. (Sie wurde zuerst von I.G. Macdonald etwas anders gefunden und dann von Kac und Moody so interpretiert.)

Indem man für die mehreren Variablen geeignete Polynome in einer Variablen X einsetzt („spezialisiert"), erhält man übersichtliche Identitäten für die Eulersche φ-Funktion:

$$\varphi(X) = \prod_{n=1}^{\infty} (1 - X^n).$$

Euler untersuchte diese Funktion wegen der von ihm gefundenen Formel:

$$\varphi(X) = (1 + \sum_{n=1}^{\infty} p(n) X^n)^{-1},$$

wobei $p(n)$ die Anzahl der Partitionen von n ist. Kombiniert man diese Formel mit der ersten Identität in der Tabelle unten, so erhält man eine Iterationsformel für $p(n)$, mit der Major P.A. MacMahon die Werte für $n \leqslant 200$ berechnet hat. Seiner von Hardy und Ramanujan veröffentlichten Tabelle ist auch der früher genannte Wert von $p(200)$ entnommen.

Mit Hilfe der oben erwähnten Spezialisierungen findet man im sogenannten „Rang 1"-Fall folgende Identitäten für $\varphi(X)$:

$$\varphi(X) \qquad = \Sigma\,(-1)^k X^{(3k^2+k)/2} \qquad \text{(Euler)}$$

$$\varphi(X)^3 \qquad = \Sigma\,(4k+1)\,X^{2k^2+k} \qquad \text{(Jacobi)}$$

$$\varphi(X)^2/\varphi(X^2) \qquad = \Sigma\,(-1)^k X^{k^2} \qquad \text{(Gauss)}$$

$$\varphi(X^2)^2/\varphi(X) \qquad = \Sigma\,X^{2k^2+k} \qquad \text{(Gauss)}$$

$$\varphi(X^2)^5/\varphi(X)^2 \qquad = \Sigma\,(-1)^k(3k+1)X^{3k^2+2k} \qquad \text{(Gordon)}$$

$$\varphi(X)^5/\varphi(X^2)^2 \qquad = \Sigma\,(6k+1)X^{(3k^2+k)/2} \qquad \text{(Gordon)}$$

$$\frac{\varphi(X^2)\varphi(X^3)^2}{\varphi(X)\varphi(X^6)} \qquad = \Sigma\,X^{(3k^2+k)/2}$$

$$\frac{\varphi(X)\varphi(X^6)}{\varphi(X^2)\varphi(X^3)} \qquad = \Sigma\,(-1)^k X^{3k^2+2k}$$

$$\frac{\varphi(X)^2\,\varphi(X^6)}{\varphi(X^2)\varphi(X^3)} \qquad = \Sigma\left(\frac{k+1}{3}\right)X^{(k^2+k)/2}$$

$$\frac{\varphi(X^2)^2\,\varphi(-X^3)}{\varphi(-X)\varphi(X^6)} \qquad = \Sigma\left(\frac{k+1}{3}\right)X^{k^2}$$

Hier ist überall über alle ganzen Zahlen k zu summieren. In den beiden letzten Formeln ist $\left(\dfrac{n}{3}\right)$ das Legendre-Symbol, es ist also $-1,0$ oder 1, jenachdem zu welcher dieser Zahlen n kongruent modulo 3 ist. Die Namen rechts geben Erst-Entdecker an. Macdonald hatte eine Spezialisierung angegeben, die in diesem Fall die Jacobi-Identität liefert, und J. Lepowsky eine andere, bei der man hier die erste Gauss-sche Identität erhält. V.G. Kac hat dann alle anderen Spezialisierungen gefunden.

Ich hoffe, diese Beispiele überzeugen Sie, daß die Darstellungs-theorie der Kombinatorik nicht nur Probleme, sondern auch interessante Ergebnisse bringen kann.

Literaturhinweise

zur Kombinatorik

Schensted, C.: Longest increasing and decreasing sequences, Canad. J. Math. **13** (1961), 179–192.
Schützenberger, M.P.: Quelques remarques sur une construction de Schensted, Math. Scand. **12** (1963), 117–128.
Greene, C.: An extension of Schensted's theorem, Advances in Math. **14** (1974), 254–265.
Combinatoire et Représentation du Groupe Symétrique (ed.: D. Foata), Lecture Notes in Mathematics 579, Berlin–Heidelberg–New York 1977.

zur Darstellungstheorie

Frobenius, G.: Über die Charaktere der symmetrischen Gruppe, Sitzungsber. Preuß. Akad. Berlin 1900, S. 516ff.
Schur, I.: Über eine Klasse von Matrices, die sich einer gegebenen Matrix zuordnen lassen, Diss. Berlin 1901.
Littlewood, D.E., A.R. Richardson: Group characters and algebra, Phil. Trans. Roy. Soc. **A,233** (1934), 99–141.
Robinson, G. de B.: On the representations of the symmetric group, Amer. J. Math. **60** (1938), 745–760.
Weyl, H.: The Classical Groups, Princeton 1946
Littlewood, D.E.: The Theory of Group Characters and Matrix Representations of Groups, Oxford 1950 (2nd ed.).
Frame, J.S., G.de B. Robinson, R.M. Thrall: The hook graphs of the symmetric group, Canad. J. Math. **6** (1954), 316–324.
James, G.D.: The Representation Theory of the Symmetric Groups, Lecture Notes in Mathematics **682**, Berlin–Heidelberg–New York 1978.

zu den Identitäten für $\varphi(X)$

Euler, L.: Observationes analyticae variae de combinationibus (1741/43), Commentarii academiae scientiarum Petropolitanae **13** (1751), 64–93 (= Opera omnia, Serie 1, Band 2, p. 163–193, Leipzig–Berlin 1915).
Euler, L.: Demonstratio theorematis circa ordinem in summis divisorum observatum (1754/55), Novi commentarii academiae scientiarum Petropolitanae **5** (1760), 75–83 (= Opera omnia, a.a.O., p. 309–398).
Gauss, C.F.: Summatio quarundam serierum singularum (1808), Commentationes societatis regiae scientiarum Gottingensis recentiores **1** (1811) (= Werke, Band 2, p. 9–45, Göttingen 1876).
Gauss, C.F.: Zur Theorie der transscendenten Functionen gehörig (vermutlich um 1808), aus dem Nachlaß, Erstdruck in: Werke, Band 3, p. 436–445, Göttingen 1876.

Jacobi, C.G.J.: Fundamenta nova theoriae functionum ellipticarum, Regensburg 1829 (= Ges. Werke, Band 1, p. 49–239, Berlin 1881).

Bachmann, P.: Die analytische Zahlentheorie, Leipzig 1894.

Hardy, G.H., S. Ramanujan: Asymptotic formulae in combinatory alanysis, Proc. London Math. Soc. (2) **17** (1918), 75–115.

Hardy, G.H., E.M. Wright: An Introduction to the Theory of Numbers, Oxford 1938 ([4]1960).

Gordon, B.: A combinatorial generalization of the Rogers-Ramanujan identities, Amer. J. Math. **83** (1961), 393–399.

Andrews, G.E.: The theory of partitions, Reading, Mass. 1976.

zu den Macdonaldschen Identitäten

Macdonald, I.G.: Affine root systems and Dedekind's η-function, Invent. math. **15** (1972), 91–143.

Kac, V.G.: Infinite-dimensional Lie algebras and Dedekind's η-function, Funct. Anal. Appl. **8** (1974), 68–70.

Moody, R.V.: Macdonald identities and Euclidean Lie algebras. Proc. Amer. Math. Soc. **48** (1975), 43–52.

Lepowsky, J.: Macdonald-type identities, Advances in Math. **27** (1978), 230–234.

Lepowsky, J.: Generalized Verma modules, loop space cohomology and Macdonald-type identities, Ann. scient. Ec. Norm. Sup. (4) **12** (1979), 169–234.

Kac., V.G.: Infinite dimensional algebras, Dedekind's η-function, classical Möbius function and the very strange formula, Advances in Math. **30** (1978), 85–136.